基于工作过程导向的项目化创新系列教材
高等职业教育机电类“十四五”规划教材

机电安装工程项目管理

JIDIAN ANZHUANG GONGCHENG XIANGMU GUANLI

▲主　编　韩鹰飞　刘景军　余　锋
▲副主编　汪　超　朱文艺　雷丽萍
▲主　审　吴吉瑞

U0333876

華中科技大學出版社
http://press.hust.edu.cn
中国·武汉

图书在版编目(CIP)数据

机电安装工程项目管理/韩鹰飞，刘景军，余锋主编.—武汉：华中科技大学出版社，2013.3(2023.7 重印)

ISBN 978-7-5609-8712-5

Ⅰ.①机… Ⅱ.①韩… ②刘… ③余… Ⅲ.①机电设备-建筑安装-工程项目管理-高等职业教育-教材 Ⅳ.①TU85

中国版本图书馆 CIP 数据核字(2013)第 030465 号

机电安装工程项目管理 韩鹰飞 刘景军 余 锋 主编

策划编辑：张 毅
责任编辑：张 毅
封面设计：范翠璇
责任校对：马燕红
责任监印：张正林
出版发行：华中科技大学出版社(中国·武汉) 电话：(027)81321913
武汉市东湖新技术开发区华工科技园 邮编：430223
录 排：武汉市洪山区佳年华文印部
印 刷：武汉邮科印务有限公司
开 本：787mm×1092mm 1/16
印 张：11.75
字 数：296 千字
版 次：2023 年 7 月第 1 版第 3 次印刷
定 价：38.00 元

本书若有印装质量问题，请向出版社营销中心调换
全国免费服务热线：400-6679-118 竭诚为您服务
版权所有 侵权必究

前言

目前，机电安装正朝着大型化、自动化和专业化方向发展，安装工程项目管理工作面临新的挑战。怎样才能在最短的时间内，以最少的人力、物力，有效地利用先进的科学管理手段来完成机电安装工程，已经成为机电安装工程项目管理工作迫切解决的问题，也是机电设备安装及管理专业人才培养的需要。为了实现这样的目标，我们编写了本书。在本书编写过程中，我们广泛听取了机电安装工程现场专家的建议，按照教育部高职高专教育相关文件的要求，遵循了"理论教学以应用为主，必需、够用为度"的原则，加强实用性的案例内容，突出理论与实践的结合。

机电安装工程项目贯穿本书的始终。本书主要论述了机电安装工程项目独有的工程项目管理知识，介绍了机电安装工程项目的组成、特点，以及各阶段的任务、作用、相互关联等，同时列举了机电安装工程项目在各阶段中的工程实际案例。本书在介绍机电安装工程项目管理的基本理论的基础上，充分体现帮助学生提高应用专业技术知识、工程项目管理知识、法律法规知识解决在机电安装工程项目各实施阶段管理中遇到的各种问题的能力，适用于机电安装工程、机电一体化相关专业和建筑设备安装专业的学生使用，也可供机电设备安装工程技术人员参考。

本书由武汉工程职业技术学院韩鹰飞、刘景军、余锋任主编，武汉工程职业技术学院汪超、江汉大学朱文艺、太原城市职业技术学院雷丽萍任副主编。全书共 15 章，其中第 1、8、12 章由韩鹰飞编写，第 2、3、13 章由刘景军编写，第 7、11 章由余锋编写，第 4、5、14 章由汪超编写，第 9、10、11 章由朱文艺编写，第 6、15 章由雷丽萍编写。全书由韩鹰飞统稿，吴吉瑞主审。

在编写本书的过程中，我们参考了许多相关书籍和资料，在此对各位作者一并表示由衷的感谢，同时还得到中冶连铸技术工程股份有限公司专家叶昶、周靖的大力协助，在此也深表谢意。由于编者水平有限，书中难免存在一些错误和在不妥之处，恳请读者给予批评指正。

编　者

目录

第1章 机电安装工程项目概述

学习机电安装工程项目管理，首先要知道什么是机电安装工程项目、机电安装工程项目区别于其他建设工程项目的特点，以及机电安装工程项目管理的内容。本章介绍机电安装工程项目的概念、组成、特点，以及机电安装工程项目各阶段管理的内容。机电安装工程项目管理包括：施工投标与合同管理、施工组织设计、施工资源管理、施工进度管理、施工质量控制、施工质量验收、施工技术管理、施工安全管理、施工现场管理、施工成本控制、施工项目竣工验收、试运行管理、施工预决算管理、施工项目回访与保修、施工风险管理等，在后续章节会详细论述这些内容。

1.1 机电工程项目的概念及其组成

什么是项目？项目是指一个特殊的、需要完成的任务，是在一定时间内，满足一系列特定目标的多项相关工作的总称。例如，建设一定生产能力的流水线，建设一定生产能力的工厂和车间，建设一定长度和等级的公路，建设一定规模的医院，建设一定规模的住宅小区，等等。

什么是机电工程项目？从工程实体来分析，就是把设备和材料依据设计要求，通过技术手段和管理手段，把其有机地结合起来，使其具有独立完整的生产功能或服务功能。采用的手段要符合机电工程项目的特点才能行之有效，达到事半功倍的效果。

机电工程项目涉及众多行业，如石油、电力、冶金、化工、建筑安装、轻工、纺织、生物医药、环保等，尽管这类建设项目均有其不同于其他行业的独特性，但此类建设项目按其本身构成，从大到小依次为单位工程、分部工程、分项工程。

一、机电工程项目的组成

机电工程项目是按照总体设计进行建设的项目总体，通常包括在厂界之内总图布置上表示的所有拟建工程，也包括与厂界各协作点相连接的所有相关工程，还包括与生产相配套的厂外生活区内的一切工程。某些建设项目(如长输管道工程)则以干线为主项，而不受界区限制。一般情况下，机电工程项目由以下各项中的一个或几个部分组成：

(1) 生产装置或单元，可能是一套或多套；

(2) 公用工程，包括给水、排水、供热、供风、工艺和供热外管、供配电、通信等；

(3) 辅助设施，包括空气站(供氮、氧等)、空压站(供仪表空气)、制冷站、化验室、换热站、火炬系统、污水处理场、废渣填埋场、维修等；

(4) 总图布置，包括围墙、大门、警卫室、主管廊、厂内运输(铁路、水路、公路、管道)、垂直运输、散水等；

(5) 储运系统，包括仓库、各种储罐、装卸站台等；

(6) 消防系统，包括水消防、火灾报警系统、消防站；

(7) 行政生活设施，包括办公设施、生活设施等；

(8) 相关工程，如输电线路、供水排水工程、铁路专用线、通信线路等。

每个具体项目依据项目性质，由以下几种专业工程联合组成：土建工程、给水工程、排水工程、采暖工程、通风与空调工程、电气工程、工艺管道工程、工艺金属结构工程、设备安装工程、炉窑砌筑工程、自动化仪表工程、建筑智能化工程、自动消防灭火工程、防腐绝热工程，等等。本书所介绍的主要指设备安装工程。

二、机电工程项目的分类

1. 以项目建设的性质划分

(1) 新建项目，是指地块上原来没有的新开工建设的项目。若原有规模很小，经重新总体设计，扩大规模能使新增加的固定资产值超过原有固定资产值三倍以上，也可视为新建项目。

(2) 扩建项目，是指已有的企业为扩大生产或服务，在不改变原有功能的前提下而兴建的工程。

(3) 改建项目，是指由于技术进步、工艺更新、淘汰落后设备装置、提高产品或服务质量，或为改变功能而兴建的工程。

(4) 复建项目，是指由于不可抗力作用遭受大部或全部报废固定资产的单位，或由于宏观调控等原因中途停建的单位，使其恢复应有的生产能力或服务的工程。

(5) 迁建项目，是指由于各种原因，将原有单位迁移至异地进行生产或服务，但不改变功能而兴建的工程。若迁至异地无此项目，则应对迁出地视为迁建项目，而迁入地视为新建项目。

2. 以项目建设的规模划分

(1) 按投资额的大小、产品的年生产量、在经济发展中的重要程度、项目所在地域的情况，可将工程项目划分为大型、中型、小型。

(2) 大型、中型、小型的划分是由国家主管部门制定标准而颁行的，这个标准会随着经济的发展而更新。

1.2　机电工程项目的特点

一、机电工程项目建设的特点

1. 设备制造的继续

(1) 有些大型设备受运输道路和起重能力的限制，不能在工厂组合成一个整体设备出厂，需以部件形式运到现场经组合后成为有独立功能的单体设备。如大型水压机、电站锅炉、造纸机和各类远程运输机械等。

(2) 有些设备依附于建筑物本体，无法在工厂内组装成完整的设备，需将部件运抵现场进行组装和调整并作测试，如电梯。

(3) 大型储罐，如液化气低温双层罐、煤气柜等只能在工厂分片预制，运至现场后组装成成品，从本质上讲，产品的现场安装工作属于制造的继续或延续。

2. 散件装置的组合

(1) 被安装的工程设备，每件都在工厂制造完成具有独立功能的单体，包括动设备和静设备，运抵现场后安装就位、固定，再将各单体间联系的管道、线缆及控制系统连接起来，使之具有工艺需要的功能，如连铸设备。

(2) 现代制造技术要求能在工厂内完成的工作尽量在工厂内完成，以减少现场的施工工作量，于是模块法制作安装应运而生。例如，炼油厂脱硫工段的转换鼓风站等都将设备、管道、电气、仪表等组装在一个钢平台上，组成一个具有工艺功能的单体模块，运抵现场后固定就位，只要按工艺要求连通输入接口和输出接口，接通电源和自控仪表的信息回路，就可投入单体试运行。

3. 制作与安装的结合

在房屋建筑安装工程中，通风与空调工程和非标准金属结构工程均需对建筑物实体进行测绘后才能制作精准，使安装方便正确，因而不能将安装的“安”字仅理解为安放之意。

二、机电工程项目实体的特点

1. 建设的固着性

机电工程项目的固着性是与一般工业产品相比较最根本的特征。设备、管线等都必须固定在一定的基础上，与土地的占有紧密联系在一起，土地是构成工程产品的组成部分。工程在一开始动工，直至建成提供生产能力或使用效益的寿命期间始终固定在一个地方。

2. 设计的多样性

机电工程是根据用户(投资方)要求的特定条件进行设计和建造的、用于工业生产或某种使用目的的工程项目，因产品的种类、品质、规模、生产工艺流程、设备造型、结构和材料的选择及与之配套的辅助附属工程等不同，故机电工程在设计上是多种多样的。

3. 工程建设的复杂性

机电工程建设项目组成复杂，且涉及多个专业工程，需要设计、采购、施工、试运行等多个环节有机结合，需要消耗大量人力、财力等。机电工程建设中需使用大量的工程技术手段和综合管理手段，是技术、经济、管理相结合的过程。

4. 建设过程的长期性

机电工程的建设周期比工业产品的生产周期要长得多，从项目酝酿、决策、筹备、设计到施工，一般需要一至三年或更长的周期，在竣工之前没有效益产生。

5. 设计条件的苛刻性

某些机电工程项目由于工艺需要，设计条件相当苛刻，经常会遇到高温、高压、介质易燃易爆等情况，还有些项目设计在自然环境恶劣的地方，如穿越河流、山脉等或建设在寒冷地带。

1.3 机电工程项目的阶段和建设周期

一、决策阶段

机电工程项目决策阶段是项目进入建设程序的最初阶段，主要工作是组织项目前期策划、提出项目建议书、编制项目可行性研究报告。

1. 项目前期策划

项目构思的产生是从企业的角度，为了满足市场需求、企业可持续发展、投资得到回报，且依据国家或某个区域的国民经济和社会发展规划，来确定是否进行新建、改建或扩建工程项目。构思过程中，要剔除无法实现的、不符合实际的、违反法律法规的成分，结合环境条件和自身能力，择优选取项目构思。经过研究确认项目构思是可行的、合理的，则可以进入下一步工作。项目的工作有情况分析、问题定义、提出目标因素、建立目标系统，其结果要形成书面文件，内容包括：项目名称、范围、拟解决的问题、项目目标系统、对环境影响因素、项目总投资预期收益和运营费用的说明等。项目定义完成后进入项目建议书的编制工作。

2. 项目建议书的编审

项目建议书是建设项目的建议性文件，是对拟建项目的轮廓设想。项目建议书的主要作用是为推荐的拟建项目作出说明，论述其建设的必要性，以供有关部门选择并确定是否有必要进行可行性研究工作。项目建议书批准后，方可进行可行性研究。

3. 可行性研究

可行性研究是项目建议书批准后开展的一项重要决策准备工作，是对拟建项目技术和经济的可行性分析和论证，为项目投资决策提供依据。重大项目可行性研究分为初步可行性研究和可行性研究两个阶段，而小型项目、简单的技术改造项目，可直接进行可行性研究。

二、 实施阶段

可行性研究报告经审查批准后，一般不允许更改，项目建设进入实施阶段。实施阶段的主要内容包括勘察设计、建设准备、项目施工、竣工验收。

1. 勘察设计

勘察设计是组织施工的重要依据，要按照批准的可行性研究报告的内容进行勘察设计，并编制相应的设计文件。一般应通过设计招标活动来选择具有相应机电工程项目设计资质的勘察设计单位来实施。一般来说，项目设计分初步设计和施工图设计两个阶段进行。而对于技术比较复杂、无同类型项目设计经验可借鉴的项目，则在初步设计之后增加技术设计，通过后才能进行施工图设计。施工图设计应当满足设备材料的采购、非标准设备的制作、施工图预算的编制和施工安装的需要。所有的设计文件除原勘察设计单位外，与建设相关各方均无权进行修改变更，发现的确需要修改应征得原勘察设计单位的同意，并出具相应书面文件。

2. 建设准备

每一项建设计划，依据项目规模的大小、投资来源实行不同的计划审批，如国家审批、省审批、自治区审批、直辖市审批等。列入年度计划的资金到位后可开展各项具体准备工作，包括征地拆迁和场地平整工作，做到通电、通水、通路，同时完善施工图纸，进行委托或招标监理单位，实施施工招投标并签订工程承包合同，依据合同约定开展设备材料订货，按法规规定办理施工许可、告知质量安全监督机构等。制定项目建设总体框架控制进度计划，作为编制施工进度的具有方向性指导的依据，其内容应包括项目投入使用或生产的安排。

3. 项目施工

该阶段是按工程施工设计而形成工程实体的关键程序，需要在较长时间内耗费大量的资源却不产生直接的投资效益，因此管理的重点是进度、质量、安全、费用。最终通过试运行或试生产，全面检验设计的正确性、设备材料制造的可靠性、施工安装的符合性、生产或营运管理的有效性，进入机电工程项目建设竣工验收阶段。

4. 竣工验收

机电工程项目建设竣工后，必须接国家规定的法规办理竣工验收手续。竣工验收通过后，机电工程建设项目可以交付使用，投入商业运行或作公益事业发挥社会效益，所有的投资转为该项目的固定资产，从而开始提取折旧。竣工验收要做好各类相关资料的整理工作，并编制项目建设决算，按管辖规定向建设档案管理部门移交工程建设档案。大中型机电工程项目的竣工验收应当分预验收和最终验收两个步骤进行，而小型项目可以一次性进行竣工验收。竣工验收后，建设总承包单位按总承包合同条款约定，实行保修服务。

【例 1-1】

1. 背景

某市开发区的化工区最近建成一座大型硫酸厂 D，D 厂原来生产规模不大，兼并了郊县工艺落后的 E 厂后，扩大了产能。该厂工艺先进，利用化工区内炼油厂脱硫所得硫黄在燃烧炉中制取 SO_2，改变了用黄铁矿经沸腾炉制取 SO_2 的传统方法，不仅减少了环境污染，还体现了循环经济的理念。从珍惜土地资源的利用出发，该厂工艺流程采用了近十年来出现的由平摊改为竖向的布置。被兼并的 E 厂大部分装置迁至化工区，原土地改变用途。

D 厂在立项时瞄准市场，可行性分析工作做得突出，正确把握工程建设程序的各个环节，建厂全过程依法依规，使预期的估计变为现实，投产后订单不断，获得了良好的经济效益和社会效益。

D 厂在建造中，需要测绘、拆除、搬迁 E 厂的有用设备和管线，使其复位正确可靠。由于工程总承包方深化设计符合实际，避免了许多工程实体间的干扰，起到了举足轻重的作用。总承包方的项目经理是首批获取石化类建造师资格证的人员，他觉得建造师专业类别改为机电工程，从业的路子就更宽了。

2. 问题

(1) 上述 D 厂、E 厂的建设属于什么性质？

(2) 在工程建设中，遵循惜地原则，合理利用土地，对施工用地有什么影响？

(3) 对可行性研究工作有什么要求？工作内容主要包括哪些？

(4) 在 D 厂建设中，为什么说深化设计起到举足轻重的作用？

(5) "机电工程"是否就是涵盖石化、冶炼、电力、机电安装四个专业领域？

3. 分析与答案

(1) D 厂兼并了 E 厂并扩大产能，属于扩建工程。E 厂已被 D 厂兼并，虽然迁至化工区，并工艺更新，但是不属于迁建工程和改建工程。

(2) 土地资源随着建设规模日益扩大而日趋紧张，工程用地布局更为紧凑，导致施工用地相对较少，要求临设布置更为紧凑合理，对预制场地安排、施工运输道路和路径规划等更为严格合理。

(3) 可行性研究工作要求做到有预见性、客观性、公正性、可靠性、科学性等。研究的内容包括建设的必要性、市场分析、资源利用率分析等十个方面。

(4) 有些项目的施工设计图有一定的惯例，如电力建设 ϕ50 以下管线施工图、自动化仪表的导压管和信号管线的施工图，需由施工单位依据标准图的要求进行深化设计。有些非标准钢结构的连接节点详图也要在实体放样时深化，对于带有拆建移位的工程更加要求施工单位具有深化设计能力，它可以优化原施工图设计，对原施工图设计进行有效补充。

(5) “机电工程”在建造师注册专业时，涵盖石化、冶炼、电力、机电安装四个专业邻域。但是，“机电工程”涉及行业领域很多，有三十四个专业生产领域。

1.4　工程项目管理

工程项目管理是一种以项目为对象的系统管理方法，它把各种知识、技能、手段和技术应用于项目中，以达到人们的需要和期望。因此，首先就要认真识别和理解与工程项目密切相关各方的不同要求和期望(包括范围、进度、费用、质量以及其他目标)。相关各方的总体利益是一致的，但关注的焦点不同，有时在一些问题上有冲突，需要加以协调。

一、工程项目的主要利害关系者及其要求和期望

工程项目利害关系者是指那些积极参与该项目或其利益受到该项目影响的个人和组织。工程项目管理班子必须弄清楚谁是本工程项目的利害关系者，明确他们的要求和期望是什么，然后对这些要求和期望进行管理和施加影响，确保工程项目获得成功。图 1-1 所示为工程项目的主要利害关系者。

各主要利害关系者的要求和期望如下。

(1) 业主：投资少，收益高，时间短，质量合格。

(2) 咨询部门：合理的报酬，松弛的工作进度表，迅速提取信息，迅速决策，及时支付工作报酬。

(3) 承包商：优厚的利润，及时提供施工图纸，最小限度的变动，原材料和设备及时送达工地，公众无抱怨，可自己选择施工方法，不受其他承包商的干扰，及时支付工程进度款，迅速批准开工，及时提供服务。

(4) 供货商：规格明确，从订货到发货的时间充裕，有很高的利润率，最低限度的非标准件使用量，质量要求是合理的、可以接受的。

(5) 生产运营部门：按质量要求，按时或提前形成综合生产能力，培训了合格的生产人员，建立了合理的操作规程和管理制度，能保证正常运营。

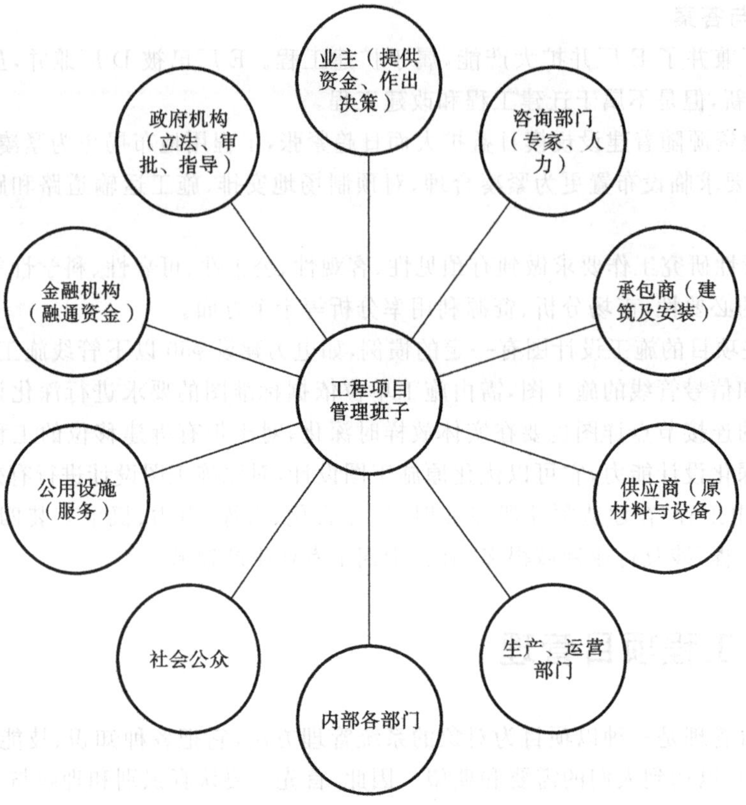

图 1-1　工程项目的主要利害关系者

(6) 政府机构：与整个国家的目标、政策和立法相一致。

(7) 金融机构：贷款安全，按预定日期支付，项目能提供充分的报酬，以清偿债务。

(8) 公用设施：及时提出对服务的要求，因工程项目建设的干扰降至最低限度。

(9) 公众：工程建设期无污染及公害，在工程项目运行期内对外部环境不产生有害的影响，工程项目由社会效益，产出品或提供的服务质量优良、价格合理。

(10) 内部的各部门：松弛的工作进度表，优良的工作环境，有足够信息资源、人力资源和物质资源。

二、工程项目管理的环境

工程项目管理是在一个比工程项目本身大得多的相关范畴中进行的，工程项目管理处于多种因素构成的复杂环境中，工程项目管理班子对于这个扩展的范畴必须要有正确的了解和熟悉。

事实上，任何一个工程项目管理班子仅仅对工程项目本身的日常活动进行管理是不够的，还必须考虑如下方面。

1. 更高层次组织的影响

工程项目管理班子一般是一个比自身更高层次组织的一部分。这个组织不是指工程项目管理班子本身。即使当工程项目管理班子本身就是这个组织时，该工程项目管理班子仍然受到组建它的单个或多个组织的影响。工程项目管理班子应当敏感地认识到组织管理系统将对本工程项目产生的影响，同时，还应重视组织文化常常对工程项目管理班子起到的约束作用。

2. 社会经济、文化、政治、法律等方面的影响

工程项目管理班子必须认识到社会经济、文化、政治、法律等方面的现状和发展趋势可能会对其工程项目产生重要的影响。有时，一个很小的变化经过一段时间可能会对工程项目产生巨大影响。

3. 标准规范和规范的约束

各个国家和地区对于项目的建设都有许多标准、规范和规则，在项目建设过程中必须遵守。

三、工程项目管理的知识体系

项目管理可归纳为九大知识领域：范围管理、时间管理、费用管理、质量管理、人力资源管理、风险管理、采购管理、沟通管理和集成管理。

四、工程项目管理的模式

1. 建设单位自行组建工程项目管理机构进行管理

这种工程项目管理模式是由业主组建基建办、筹建办、指挥部进行管理。力量不足时，再委托咨询单位承担一部分前期工作，委托设计单位设计，委托施工单位施工，但总是自己进行工程项目有关各方面的协调、监督和管理。这种临时组建的工程项目管理班子，项目完成后项目管理班子自动解散，因此往往是只有一次教训，没有二次经验，容易造成浪费和损失。

2. 委托咨询公司协助业主进行项目管理

这种工程项目管理模式在国际上最为通用，在这种模式下，业主委托咨询工程师进行前期的各项有关工作，待工程项目评估决策后再进行设计，在设计阶段进行招标文件准备，然后通过招标选择设备承包商和施工承包商。业主和承包商订立工程施工合同，有关工程部位的分包和材料的采购都由承包商与分包商和供应商单独订立合同并组织实施。业主聘请咨询工程师或监理工程师对工程进行监理。咨询工程师（监理工程师）和承包商之间没有合同关系。

这种模式因管理方法比较成熟，各方对自己的业务有较丰富的经验，咨询设计人员可以协助业主管理，有利于保证质量、进度和节约投资。

3. EPC模式

EPC（engineer-procurement-construction）即设计-采购-建造模式，是在项目决策以后，

从设计开始，经过招标，委托一家工程公司对设计-采购-建造进行总承包，也称为交钥匙工程。这种模式有利于工程承包公司对项目的进度、费用、质量和安全的综合管理和控制，有利于实现设计、采购、施工各阶段的合理交叉与融合，可提高效率和降低成本。但承包商要承担大部分风险，为了降低风险，承包商一般在基础工程设计完成后，主要技术和主要设备均已确定的情况下进行承包。在总承包模式下，通常由总承包商完成工程的主体设计，允许总承包商把局部或细部设计分包出去，也允许总承包商把建筑安装施工全部分包出去，所有的分包工作都由总承包商对业主负责，业主不与分包商直接签订合同。

4. BOT 模式

BOT(build-operate-transfer)即建造-运营-移交模式。在这种模式下，东道国政府开放本国基础设施建设和运营市场，吸收国外资金，授予项目公司以特许权，由该公司负责融资和组织建设，建成后负责运营及偿还贷款，在特许期满后将项目移交给东道国政府。

1.5 机电工程项目管理的任务

机电工程项目管理旨在通过项目经理和项目组织的努力，运用系统理论和方法，对机电工程项目建设及其资源进行策划、组织、控制和协调，以期项目建设达到预定目标。项目管理的核心任务是目标控制，包括进度目标、质量目标、费用目标和安全目标，这要贯穿于项目建设全过程各个阶段的工作中。

机电工程项目管理的任务主要包括机电工程项目设计阶段项目管理的任务、机电工程项目采购阶段项目管理的任务、机电工程项目施工阶段项目管理的任务和机电工程项目试运行阶段项目管理的任务。

一、熟悉机电工程项目设计阶段项目管理的任务

机电工程项目建设的设计阶段有项目前期阶段、初步阶段、施工图设计、施工阶段的交底和变更、设计回访等，各个阶段的管理任务是不尽相同的，要说明的是管理任务，即做哪些管理工作，而不是要说明应怎样做设计、设计的结果要提供什么文件资料等。

1. 机电工程项目前期阶段设计的管理要求

(1) 总承包单位代表业主委托勘察设计单位完成项目的选址报告和方案设计，但实施备案制的企业投资项目，因业主通过招标投标、拍卖等方式取得土地使用权的，也取得了该土地的规划控制条件，可以省略选址报告。

(2) 通过招标投标或其他选择方式选定机电工程项目建设的设计单位，该单位必须具有与拟建项目相应的资质和能力。

(3) 设计单位进行方案设计，方案应是多个的，以供遴选。组织人员对方案进行初步审查决定后，报政府行政管理部门审批，通常审批的部门为：规划部门、人防部门、公安消防部门、环保部门、文物部门、气象部门、卫生部门、交通部门等。政府部门审查通过后，则政府投资的项目或实施政府核准制的企业投资项目可获得建设工程规划用地许可证。

2. 机电工程初步设计阶段的管理要求

(1) 初步设计要对建设规模、投资控制、建设标准、工期等作出估计。

(2) 初步设计对新技术、新工艺、新设备、新材料的应用要提供科研方向,由业主或被委托的总承包单位负责试验研究。

(3) 初步设计要协调落实内外部协作关系,如能源供给、水电通信、原料供应、环境影响评价、地方政府承诺的征地和移民安置规划等。

(4) 初步设计应满足编制施工招投标文件、主要设备材料订货、编制施工图设计文件的需要。

(5) 初步设计完成同样要先自行审查,再报政府有关部门审批。

3. 机电工程施工图设计阶段的管理要求

(1) 施工图设计阶段管理的内容包括:实施的设计计划、实施的设计方案、主要工艺布置、房屋结构布置;另外,还有设计质量、设计进度、设计概算。

(2) 在施工图设计的同时,要落实设备材料的采购,组织供应商向设计单位提供设备的技术资料。

(3) 施工图设计完成后,按管辖规定报政府规划行政管理部门审批取得规划许可证。

(4) 将完成的施工图设计文件提交施工图设计审查机构审查,审查后,应将施工图设计文件向有关行政管理部门备案。

4. 机电工程施工阶段的交底和变更的管理要求

(1) 交底应由业主或受委托的总承包单位负责组织,参加单位应包括设计、监理、施工、业主等各相关方,交底的过程要有书面记录,并征得各方签字确认。

(2) 设计变更经审查后应通过资料管理部门及时转发给有关单位执行,重大的设计变更应召集评审会,评审通过后再执行,若评审中异议较大,要退回设计单位进行完善,最终应由业主裁定。

(3) 竣工验收活动应邀请设计单位共同参加。

5. 设计回访阶段的管理要求

(1) 项目竣工移交后,投入生产或营运,经一段时间实践检验,组织设计单位回访。

(2) 回访的目的是听取向设计单位提出对工艺流程的改进意见或工艺装置改善措施,以利于完善生产工艺和生产条件,或使营运效果或效益得到进一步提高。

二、熟悉机电工程项目采购阶段项目管理的任务

机电工程建设项目的采购活动包括:服务采购(咨询)、工程采购(含工程施工采购)、货物采购,采购的方式可以是直接委托或经过招标投标,招标投标可以是公开招标或邀请招标,就招标地域来分可以是国内招标,也可以是国际招标,采用何种方式要视机电工程本身特征来决定。

1. 货物采购策划与采购计划

(1) 在工程管理的策划阶段做好货物采购策划，在初步设计阶段应制订货物采购计划。货物采购计划要涵盖工程建设的全过程。

(2) 货物采购计划要与设计进度和施工进度合理搭接，处理好它们间的接口管理关系。

(3) 要从贷款成本、集中采购与分批采购等全面分析其利弊关系，安排采购计划。

(4) 要分析市场现状，注意供货商的供货能力和设备制造商的生产周期，确定采购批量或供货的最佳时机。考虑货物运距及运输方法和时间，使货物供给与施工进度安排有恰当的时间提前量，以减少仓储保管费用。

2. 货物采购的方式

货物采购的方式一般有招标采购，直接采购、询价采购三种方式。

(1) 招标采购方式适用于大宗货物、永久设备、标的金额较大、市场竞争激烈等货物的采购。

(2) 直接采购方式适用于所需货物或设备仅有唯一来源，为使采购的部件与原有设备配套而新增购的货物；负责工艺设计者为保证达到工艺性能或质量要求而提出的特定供货商提供的货物；特殊条件下(如抢修)为了避免时间延误而造成更花费财力的货物；无法进行质量和价格等比较的货物等的采购。

(3) 询价采购方式适用于现货价值较小的标准设备、制造高度专门化的设备等的采购，通常在比较几家供货商报价的基础上选择供货商进行采购。

3. 采购合同的管理

1) 材料采购合同的管理

(1) 采购合同的订立，材料采购合同属于买卖合同，按合同法规定，以现行的购销合同的示范文本为准。

(2) 材料采购合同的履行环节包括：产品的交付、交货检验的依据、产品数量的验收、产品的质量检验、采购合同的变更等。

2) 设备采购合同的管理

(1) 采购合同的订立，双方当事人应根据具体订购的设备特点和要求，约定合同的内容，包括合同中词语定义、合同标的、供货范围、合同价格、付款方式、交货和运输、包装与标记、技术服务、质量监造与检验、安装和调试、试运和验收、保证与索赔、保险、税费、分包的采购、合同变更约定、修改、中止和终止、合同争议的解决等，都要有明确的约定。

(2) 大型、复杂的工艺设备，应按照采购方的要求，可对生产供应方定型设备的设计图纸作出局部修改，并要求提供备品备件和易损零件，必要时合同中要规定对使用方的管理人员和操作人员进行技术培训。

(3) 设备采购合同履行的环节包括：到货检验、损害缺陷的处理、监造监理、施工安装服务、试运行服务等。

三、掌握机电工程项目施工阶段项目管理的任务

在选择好相应资质的施工作业队伍后，经施工准备，认为可持续施工的条件已具备，即

现场机电工程的作业面可进行安装作业，各种资源的供给可持续供应而不致施工作业中断，报经监理工程师同意核准下达开工令，机电工程项目建设施工阶段的工期考核自此而始。

施工阶段是形成工程实体、各种资源大量流入、各类矛盾充分暴露、对前期准备的充分性和符合性进行实践检验的阶段，因此内外协调频繁，资源调度要符合施工进度计划安排要求。

1. 进度计划管理

(1) 机电工程项目建设的总体计划安排应由业主或业主委托总承包单位编制，但必须征得业主认可和确认。

① 总体建设计划要告知各参建的分包单位，各分包单位按总体计划编制各自承担的单位工程或单项工程的总进度计划或年度施工进度计划，编制的计划要符合承包合同的约定的工期目标要求，并报总承包单位审核确认。

② 总承包单位要及时评审各分包单位上报的各种施工进度计划，评审的依据是上报的计划是否符合总体建设目标要求，如有异议，要通知上报的分包单位澄清或修订，如无异议则要以书面文件或洽谈记录表示认同。

(2) 计划的实施应建立跟踪、监督、检查、报告机制，以利有效纠正计划执行中的偏差。

① 总承包单位要设立综合调度机构，实施进度计划的检查测量，发现偏差较大，则应及时召集调度会，由各分包单位共同参加，分析影响进度的因素，采取针对性的对策，使之在后续施工中有效纠正或缓解进度计划执行的偏差。

② 采取的对策主要有作业面调整、物资供给强度调整、机械化作业比例调整、作业班次或搭接时机调整等，这些都应由总承包单位调度机构审时度势，合理地作出调度决策。

(3) 总承包单位要运用工程进度款支付数目这个经济手段，进行正确测量实物工作量，使各分包单位认真执行进度计划。

2. 施工费用控制

总承包单位依据施工进度计划编制相应的施工费用控制计划，确定施工费用基准并保持其稳定性，当需要变更时，应严格履行审批手续。同时，要进行施工费用测量、分析费用偏差，进行趋势预测，及时采取防止偏差产生的有效纠正措施和预防措施。

3. 工程质量管理

(1) 工程质量的目标要在工程承包合同的约定中体现，总承包合同的质量承诺要分解到各分承包合同中。

① 质量控制的依据是国家的法律、法规、设计文件和相关的施工规范、标准。

② 选择具有与工程性质相适应的资质的分承包单位，分包合同要明确分包工程的质量目标和分包方的质量义务。

③ 总承包单位制订的总体质量计划应包括质量目标、质量控制点的设置及检查计划安排、重点控制的质量影响因素等，并要告知各分包单位，作为分包单位对所承担工程制订质量计划的指导性意见，分包单位制订的质量计划应细化总承包单位编制的质量计划，并报总承包单位审核确认后执行。

(2) 总承包单位和各分包单位均应按承建的机电工程特点，分析影响工程质量的主要因素，从人、机、料、法、环(4MIE)入手，加以预控。

① 作业人员要持证上岗，必须保持证书在有效期内。坚持先培训后上岗、先交底后作业的原则，尤其要对特殊工种和特种设备作业人员进行认真监控。

② 进场的施工机械及机具要保持完好状态，其工作性能和精度能满足作业的需要，尤其是检测用的仪器仪表要检定合格，并处在有效期内。

③ 工程设备和材料要认真进行进场检验，确保其符合性，并做好符合其要求的仓储保管工作。

④ 施工工艺文件或作业指导书要经审核批准，批准后要严格执行，不得擅自修改，新材料、新工艺的应用要先试验后使用，可建议采用样板示范方法。

⑤ 有些作业对风、雨、雪、温度、湿度、尘、砂等环境条件的限制明确，达不到要求会明显影响作业结果的实体质量，因而要采取适合的防护措施。

(3) 要有计划地安排各种形式的机电工程项目质量活动。如交流经验、办质量资料展览会、操作示范、质量问题论证等。

(4) 总承包单位工程质量监督管理部门要定期对施工过程的质量控制绩效进行分析和评价，明确改进目标和方向，保持质量管理工作的持续改进。

4. 施工安全管理

(1) 机电工程项目建设总承包单位负责建设全过程的安全管理总体策划，并制定全场性的安全管理制度，经批准后监督执行。

(2) 工程分包合同中，分包单位应承诺执行总承包单位制定的安全管理制度，并明确分包单位的安全管理职责。

(3) 分包单位要依据所承担工程的特点，制订相应的安全技术措施，报总承包单位审核批准后执行。

(4) 安全管理的要点如下。

① 对施工各阶段各部位和场所的危险源识别和风险分析，制订应对措施或应急预案，做到有效控制。

② 按管理制度规定，进行日常安全巡检，掌握安全信息，召开安全例会讲评安全情况和应采取防止事故发生的措施。

③ 按上级有关部门布置，组织进行定期或专项的安全检查，并将检查结果形成书面文件，通报全场各相关单位，并对检查中发现的事故隐患需及时整改的部位要跟踪监督整改情况，直至完善合格为止。

④ 当发生安全事故时，按合同约定和相关法规规定，一方面要保护现场，积极抢救防止次生事故发生，另一方面要及时报告，并组织或参与事故的调查、分析和处理。

5. 施工现场管理

施工现场管理目标是建立一个有序、文明、安全、环保的施工现场，管理要点如下。

(1) 依施工组织总设计要求，按施工总平面图规划分阶段实施施工总平面布置，并做好总平面图的管理。

（2）按有关法律、法规规定建立环境管理体系，对环境因素进行识别，掌握监控环境信息，采取应对措施，保证施工现场及周边环境得到有效控制。

（3）依据《中华人民共和国安全生产法》、《中华人民共和国消防法》和《建设工程安全生产管理条例》以及工程所在地的相关法规等的规定，建立和执行安全防范和治安管理制度，落实防范范围和责任，检查报管和救护系统的适应性和有效性。

（4）建立现场卫生防疫管理网络和责任系统，落实专人负责管理并检查职业健康服务和急救设施的有效性。

（5）制定施工活动中产生的“三废”防治或处理方案，并与工程所在地政府相关管理部门沟通，依法得到妥善处置。

（6）施工现场管理的主体是工程建设总承包单位，各分包单位要依各项管理制度严格执行。

6．信息化管理

机电工程建设总承包单位要建立涵盖各分包单位及供应商的信息网络，并设有综合资料室，对施工图纸收发、设计变更通知、气象预报和实时气候记录、设备材料供应进程、工程建设相关文件、施工技术和管理记录等各类资料进行统一信息化管理，保持各类信息渠道畅通有效，以防施工阶段各项活动失误，使其有序进行。

四、掌握机电工程项目试运行阶段项目管理的任务

机电工程项目试运行是对工程建设的符合性进行实践检验的阶段，目的是通过试运行以判断工程是否可以投入生产或营运，或者还要进行完善整改。因此试运行管理就是模拟生产或营运的管理。试运行有单机无负荷试运行、联动无负荷试运行和负荷试运行三种，仅单机无负荷试运行属于施工作业范畴，后两者的试运行是否由工程建设总承包单位承担，则要在总承包合同中作出约定。

1．试运行准备

（1）试运行准备工作有技术准备、组织准备和物资准备三个方面。

（2）试运行的技术准备工作包括：确认可以试运行的条件、编制试运行总体计划和进度计划、制订试运行技术方案、确定试运行合格评价标准。

（3）试运行的组织准备工作包括：组建试运行领导指挥机构，明确指挥分工；组织试运行岗位作业队伍，实行上岗前培训；在作业前进行技术交底和安全交底；必要时制定试运行管理制度。

（4）试运行的物资准备工作包括：编制试运行物资需要量计划和费用使用计划，物资需要量计划应含燃料动力物资、投产用原料和消耗性材料，还包括检测用工具和仪器仪表。

2．试运行实施

1）实施前的检查

（1）对工程实体进行检查，确认已完成设计文件规定的全部工作内容，并经调试合格，

符合竣工验收标准。

(2) 对准备工作进行检查，确认准备工作已符合预期的各项要求。

2) 实施试运行

(1) 按机电工程项目的特点组织试运行，所有作业行动符合生产或营运的作业规程规定。

(2) 试运行中发现故障或异常，应立即停止试运行，在分析原因排除故障后，才能重新启动试运行。

(3) 按计划要求时间安排，达到连续无故障试运行规定时间，则可结束试运行，拆除试运行方案中的临时设施，使机电工程恢复常态。

3. 试运行评价

(1) 按工程承包合同约定的质量目标和设计文件规定的要求，考核试运行的结果是否符合预期的规定。

(2) 机电工程施工质量验收标准的依据，也是试运行评价的重要依据，是将工业工程和房屋建筑安装工程分开的。

① 工业机电安装工程采用《工业安装工程施工质量验收统一标准》(GB 50252—2010)。

② 房屋建筑安装工程采用《建筑工程施工质量验收统一标准》(GB 50300—2001)。

【例 1-2】

1. 背景

某公司中标一项大型铝冶炼厂建设总承包管理，项目部为了提高管理质量，确保履行总承包合同的各项承诺，在开工前对全体管理人员进行了培训和考试测评。培训中明确提出各项管理要求，包括施工进度计划实施应建立的机制等，各个环节要闭口，各种指令发出，经过实施要有反馈，对反馈要有处理意见，实行闭环控制。对质量监督管理人员指明了质量监督管理工作的路径。

在工程建设中发生了下列两个事件。

事件一：分包单位将承包工程中的真空泵房单机无负荷试运行方案报总承包单位审查批准后，为抢进度，当即要求作业人员上岗通电开机，被总承包单位技术部门、安全管理部门制止，要求纠正。

事件二：工程中需使用大量各种类型的紧固件，总价相对不大，总承包单位物资供应部门打算采用直接采购方式进行采购，被项目经理制止，要求改正。

2. 问题

(1) 施工进度计划的实施应建立什么机制？说明理由。

(2) 以安全管理为例，说明总包、分包之间的闭口管理流程。

(3) 为提高工程建设质量，改善质量监督管理工作，项目部提出什么样的路径？

(4) 总包单位技术部门、安全部门为什么制止分包单位实施真空泵房单机无负荷试运行？

(5) 项目经理为什么要求改正紧固件的采购方式？

3. 分析与答案

(1) 施工进度计划的实施应建立跟踪、监督、检查、报告的机制，目的是有利于及时有效地纠正计划执行中出现的偏差。

(2) 从安全管理的要求看，总包、分包之间的闭口管理流程如下：总承包方负责安全总体策划—制定全场性安全管理制度—分包方在合同中承诺执行—明确分包方的安全管理职责—分包方依据工程特点制定相应的安全措施—分包方报总包方审核批准后执行。

其他如安全检查和整改验收也按此流程闭口运转。

(3) 总承包单位工程质量监督管理部门要定期对施工过程的质量控制绩效进行分析和评价，明确改进目标和方向，保持质量管理工作的持续改进。

(4) 分包单位的真空泵房单机无负荷试运行方案报总承包单位审查批准，为开展后续工作提供了条件，但是尚未向有关操作人员进行技术、安全交底，以及试运行前的各项检查工作，只有做完这些事项并确认符合要求后，才能进行试运行。

(5) 项目经理认为紧固件采购属标准件采购，供应商较多，虽总价不高，但是数量大，不宜用直接采购方式，应采用询价采购方式，在报价基础上择优选择供应商，降低工程费用支出，达到“货比三家”的目的。

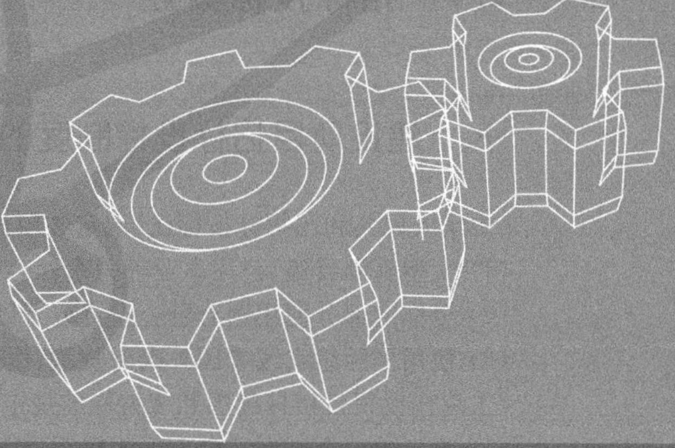

第2章 机电安装工程项目招标投标管理

机电安装工程项目招标投标是在市场经济条件下，通过公平竞争机制，进行工程项目发包与承包时所采用的一种交易方式。采用这种交易方式，须具备两个基本条件：一是要有能够开展公平竞争的市场经济运行机制；二是须存在招标项目的买方市场，能够形成多家竞争的局面。通过招标投标，招标单位可以对符合条件的各投标竞争者进行综合比较，从中选择报价合理、技术力量强、质量和信誉可靠的承包商作为中标者签订承包合同，这样既有利于保证安装工程质量和工期、降低工程造价、提高投资效益，也有利于防范建设安装工程发承包活动中的不正当竞争行为和腐败现象。本章主要介绍机电安装工程项目招标投标的特点、机电安装工程项目施工招标投标管理要求，以及机电安装工程项目施工招标投标的条件与程序。

2.1 招标投标概述

一、建设项目招标投标制度的适用范围

《中华人民共和国招标投标法》规定必须进行招标的项目如下：

(1) 大型基础设施、公用事业等关系社会公共利益、公众安全的项目；

(2) 全部或部分使用国有资金投资或者国家融资的项目；

(3) 使用国际组织或者国外政府贷款、援助资金的项目。

《工程建设项目招标范围和规模标准规定》要求，达到以下标准之一的，必须进行招标：

(1) 施工单项合同在200万元人民币以上的；

(2) 重要设备、材料等货物的采购，单项合同估算价在100万元人民币以上的；

(3) 勘察、设计、监理等服务的采购，单项合同估算价在50万元人民币以上的；

(4) 单项合同估算价低于上述三项标准，但项目总投资额在3000万元人民币以上的。

二、招标投标活动应当遵循的原则

1. 公开原则

公开原则是指招标投标的程序要有透明度，招标人应当将招标信息公布于众，以招引投标人做出积极响应的原则。在招标采购制度中，公开原则要贯穿于整个招标投标过程中。例如，《中华人民共和国招标投标法》规定："开标时招标人应当邀请所有投标人参加，投标人在招标文件要求提交截止日期前收到的所有投标文件，开标时都应当当众予以拆封、宣读。中标人确定后，招标人应当在向中标人发出中标通知书的同时，将中标结果通知所有未中标的投标人。"

2. 公平原则

公平原则是指所有投标人在招标投标活动中机会都是平等的，所有投标人享有同等的权利，要一视同仁，不得对投标人歧视的原则。《中华人民共和国招标投标法》明确规定："依法必须经过招标的项目，其招标投标活动不受地区或者部门的限制，任何单位或者个人不得违法限制或者排斥本地区、本系统以外的法人或者其他组织参加投标，不得以任何方式非法干涉招标投标活动。"

3. 公正原则

公正原则是指要求客观地按照事先公布的条件和标准对待各投标人的原则。

4. 诚实信用原则

诚实信用原则是市场经济交易当事人应当遵循的基本道德准则。

2.2　招标

招标是指招标人依法提出招标项目及其相应的要求和条件，通过发布招标公告或发出投标邀请书吸引潜在投标人参加投标的行为。

一、招标人的概念

招标人是指依照《中华人民共和国招标投标法》的规定提出招标项目，进行招标的法人或其他组织(《中华人民共和国招标投标法》中尚无关于自然人可以进行招标的规定)。

二、招标人的权利和义务

1. 招标人的权利

(1) 招标人有权自行选择招标代理机构，委托其办理招标事宜。招标人具有编制招标文件和组织评价能力的，可以自行办理招标事宜。

根据有关规定:依法必须进行招标的项目，招标人自行办理招标事宜的，应当向有关行政监督部门备案。行政监督部门根据有关法规，对招标人是否具备自行招标的条件进行监督，确认其是否具备编制招标文件的能力和组织招标的能力。建设部《招标投标管理办法》第 12 条规定:招标人自行办理施工招标事宜的，应当在发布招标公告或者投标邀请书的 5 日前，向工程所在地县级以上地方人民政府建设行政主管部门备案。

(2) 在招标文件要求提交投标文件截止时间至少 15 日前，招标人可以以书面形式对已发出的招标文件进行必要的澄清或者修改。该澄清或者修改的内容为招标文件的组成部分。

(3) 招标人有权拒绝对在招标文件要求提交的截止时间后送达的投标文件。

(4) 开标由招标人主持。

(5) 招标人根据评标委员会提出的书面评估报告和推荐的中标候选人确定中标人，招标人也可以授权评标委员会直接确定中标人。

2. 招标人的义务

(1) 招标人不得以不合理的条件限制或者排斥潜在投标人，不得对潜在投标人实行歧视待遇。

(2) 招标文件中不得要求或者表明特定的生产供应者以及含有倾向或者排斥潜在投标人的其他内容。

(3) 招标人不得向他人透露已获取招标文件的潜在投标人的名称、数量以及可能影响公平竞争的有关招标投标的其他情况。招标人设有标底的，标底必须保密。

(4) 招标人应当确定投标人编制投标文件所需要的合理时间;但是，依法必须进行招标的项目，自招标文件开始发出之日起至投标人提交投标文件截止之日止，最短不少于 20 日。

(5) 招标人在招标文件要求提交投标文件的截止时间前收到的所有投标文件，开标时都应当众予以拆封、宣读。

(6) 招标人应当采取必要的措施，保证评标在严格保密的情况下进行。

(7) 中标人确定后，招标人应当向中标人发出中标通知书，并同时将中标结果通知所有未中标的投标人。

(8) 招标人和中标人应当自中标通知书发出之日起 30 日内，按照招标文件和中标人的投标文件订立书面合同。

三、招标方式

招标方式分为公开招标和邀请招标两种。

1. 公开招标

公开招标是指招标人以公告方式邀请不特定的法人或组织投标。《中华人民共和国招标投标法》将公开招标规定为招标的主要方式。公开招标的特点有两个：首先，招标人必须通过媒体发布招标公告，向社会公开宣布发布招标项目；其次，公开招标项目所邀请投标的对象是不特定的法人或其他组织。

公开招标的优点是，招标人根据招标项目的特点，在广泛的范围内，吸引投标人参与竞争，选择最优秀的中标人，从而达到项目最优化的特点。

2. 邀请招标

邀请招标是指以投标邀请书的方式邀请特定的法人或其他组织投标。邀请招标是一种有限竞争的招标方式。采用这种方式招标，招标人应当向三个以上具备承担招标项目的能力、资信良好的特定法人或者其他组织发出投标邀请书。

四、招标文件的内容

机电安装工程招标文件的内容通常包括：招标邀请书、投标者须知、合同条件、招标工程范围、图纸和执行的规范、工程量清单、投标书和投标保证书格式、补充资料表、合同协议书及各类保证。

招标文件是招标过程的核心文件，既是投标人编制投标文件的依据，也是未来与中标人构成对双方有约束力合同文件的基础，必须认真研究招标、投标文件，处理机电安装工程项目招投标文件施工中的问题。

五、公开招标的一般程序

公开招标的一般程序是：招标—投标—开标—评标—决标—授予合同。

2.3　投标

投标是指投标人为响应招标人的招标，依据招标文件的要求，以订立合同为目的参与竞争的法律行为。

一、投标人的概念

投标人是指响应招标、参与投标竞争的法人或者其他组织。

二、投标人的权利和义务

1. 投标人的权利

(1) 在公开招标时，投标人通过资格预审后，有权购买(或领取)招标文件。

(2) 潜在投标人有权参加招标人组织的项目现场踏勘，并提出质疑，请求招标人澄清。

(3) 投标人有权是两个以上法人或者其他组织组成一个联合体，以一个投标人的身份共同投标。

(4) 投标人有权在开标会之前获知招标人的评标方法和定标规定。

(5) 投标人在招标文件要求提交投标文件的截止时间前，可以补充、修改或者撤回已提交的投标文件，并书面通知招标人。补充、修改的内容为投标文件的组成部分。

2. 投标人的义务

(1) 投标人应当在招标文件要求提交投标文件的截止时间前，将投标文件送达投标地点。

(2) 投标人不得相互串通投标报价，不得排挤其他投标人的公平竞争。

(3) 投标人不得与招标人串通投标，损害国家利益、社会公共利益或者他人的合法权益。

(4) 禁止投标人以向招标人或者评标委员会成员行贿的手段谋取中标。

三、投标文件的内容

机电安装工程投标文件的内容一般包括：协议书、投标书及其附录、合同文件(含通用条款及专用条款)、投标保证金(或投标保标函)、法定代表人资格证书(或其授权委托书)、施工总承包目标(包括工期、质量、安全文明生产三项目标以及履约保证金额等)、施工组织总设计及主要施工方案、具有标价的工程量清单及报价表、辅助资料表、资格审查表(已进行资格预审的除外)、招标文件要求应提供的其他资料。

四、投标文件的编制

投标文件是指完全按照招标文件的各项要求编制的投标书。投标书一般由商务标书、经济标书、技术标书三部分组成。它是形成的投标文件中响应招标文件规定的重要文件，起着能否中标的关键作用。报价工作信息面广，计算复杂，必须反复核对；否则，虽然报价决策正确，但计算失误，也会功亏一篑。

1. 编制投标文件的主要依据

编制投标文件的主要依据有：设计图纸；合同条件，尤其是有关工程范围、内容；工期、质量、安全生产要求；支付条件、外汇比例的规定等；工程量表；有关法律、法规；拟采用的施工方案、进度计划；施工规范和施工说明书；工程材料、设备的清单、价格及运费；劳务工资标准；当地生活物资价格水平；各种有关间接费用等。

2. 编制投标文件的步骤

承包商通过资格审核，即可根据工程性质、规模，组织一个经验丰富、决策强有力的班子进行投标报价。承包工程有固定总价合同、单价合同、成本加酬金合同等几种主要形式，不同合同形式的计算报价是有差别的。

具有代表性的单价合同报价计算的主要步骤：研究招标文件；现场考察；复核工程量；编制施工规划；计算工、料、机单价；计算分项工程基本单价；计算间接费；考虑上级企业管理费、风险费；预计利润；确定投标价格。

3. 工程量清单计价的运用

工程量清单是表现拟建工程的分部分项工程项目、措施项目、其他项目名称和相应数量的明细清单，是按招标要求和施工设计图纸要求，将拟建招标工程的全部项目和内容，依据统一的工程量计算规则和清单项目编制规划，计算分部分项工程数量的表格。

工程量清单是招标文件的组成部分，是由招标人发出的一套注有拟建工程各实物工程名称、性质、特征、单位、数量及开办项目、税费等相关表格组成的文件。在理解工程量清单的概念时，首先应注意到工程量清单是一份由招标人提供的文件，编制人是招标人或其委托的工程造价咨询单位。其次是一经中标且签订合同，工程量清单即成为合同的组成部分。因此，无论招标人还是投标人都应该慎重对待。

4. 制作投标标书

(1) 投标人接到招标文件后，应对招标文件进行透彻的分析，对图纸进行仔细的理解。

(2) 对招标文件中所列的工程量清单进行审核时，应看招标人是否允许对工程量清单内所列的工程量误差进行调整来决定审核办法。若允许调整，则要详细审核工程量清单内所列的各工程项目的工程量，对有较大误差的，通过招标人答疑会提出调整意见，取得招标人同意后进行调整；若不允许调整，则不必对工程量进行仔细审核，只对主要项目或工程量大的项目进行审核。发现项目有较大误差时，可以利用调整项目单价的方法进行解决。

5. 投标的决策

正确合理的决策是作出投标与否和使中标可能性增大的关键。投标决策阶段可以分为前期阶段和后期阶段。影响投标决策的因素分为主观因素和客观因素。

1）投标决策的前期阶段

前期阶段的投标决策必须在购买投标人资格预审资料前后完成。决策的主要依据是招标广告，以及公司对招标的工程、业主情况的调研和了解程度。

对投标与否做出论证。通常情况下，对下列招标项目应放弃投标，例如，本施工企业主营和兼营能力之外的项目；工程规模、技术要求超过本施工企业技术等级的项目；本施工企业生产任务饱满，而招标工程的赢利水平较低或风险较大的项目；本施工企业技术等级、信誉、施工水平明显不如竞争对手的项目等。

2）投标决策的后期阶段

如果决定投标，即进入投标决策的后期阶段，是从申报资格预审至投标报价之前的阶段。这一阶段主要研究准备投什么性质的标，以及在投标中采用的策略。投标性质可分为：风险标、保险标、赢利标、保本标、亏损标。

3）影响投标决策的主观因素

影响投标决策的主观因素有：技术实力、经济实力和业绩信誉实力。

（1）技术实力包括：精通本行业的各类专家组成的组织机构；设计和施工专业特长；解决各类施工技术难题的能力；与招标项目同类型国内外工程的施工经验；有一定技术实力的合作伙伴。

（2）经济实力包括：成本控制能力，向管理要效益；健全完善的规章制度和先进的管理方法、企业技术标准、企业定额、企业管理和项目管理人才；“重质量”“重合同”的意识及其相应切实可行的措施。

（3）业绩信誉实力包括：同类或相似的工程业绩；良好的信誉是投标中标的一条重要标准。

4）影响投标决策的客观因素

影响投标决策的客观因素有：业主的合法地位、支付能力、履行信誉；监理工程师处理问题的公正性、合理性等；竞争对手的实力、优势、投标环境的优劣情况以及竞争对手的在建工程状况；承包工程的风险。投标与否，要考虑很多因素，作出全面分析，才能使投标决策正确。

2.4 开标、评标和中标

一、开标

开标是指招标人将投标人的投标书启封揭晓的活动。

1. 开标的时间和地点

开标时间应当在招标文件中确定，以便投标人准时出席开标会。在特殊情况下，可以暂缓或者推迟开标时间，如招标文件发售后对原招标文件做了变更或者补充；开标前，发现有足以影响采购公正性的违法或者不正当行为；招标人接到质疑或者诉讼；出现突发事故；等等。

开标的地点，招标人应当在招标文件中对开标地点作出明确、具体的规定，以便投标人等按照招标文件规定的开标时间到达开标地点。

2. 开标程序

开标由招标人主持，邀请所有投标人参加。

开标时，由投标人或者其推选的代表检查投标文件的密封情况，也可由招标人委托的公证机构检查并公证；经确认无误后，由工作人员当众拆封，宣读投标人名称、投标价格和投标文件的其他主要内容。

二、评标

1. 评标机构

《中华人民共和国招标投标法》规定：评标由招标人依法组建的评标委员会负责。其评标委员会由招标人的代表和有关技术、经济等方面的专家组成，成员人数为 5 人以上单数，其中技术、经济等方面的专家不得少于成员总数的 2/3。专家应当从事相关领域工作满 8 年并具有高级职称或者具有同等专业水平，由招标人从国务院有关部门或省、自治区、直辖市人民政府有关部门提供的专家名册或者招标代理机构的专家库内的相关专业的专家名单中确定；一般招标项目可以采取随机抽取方式，特殊招标项目可以有招标人直接确定。与投标人有利害关系的人不得进入相关项目的评标委员会；已经进入的应当更换。评标委员会名单在中标结果确定前应当保密。

2. 评标程序和评标依据

评标程序一般分为初评和详评两个阶段。

初评的内容主要是：投标人资格是否符合要求，投标文件是否完整，投标人是否按照规定的方式提交投标保证金，投标文件是否基本上符合招标文件的要求等。

初评完成后，要进行详评。只有在初评中确定为基本合格的投标书，才可以进行详评阶段。具体的评标标准和方法由招标文件确定。评标委员会要依据招标文件确定的评标标准和方法对投标文件进行评审和比较；设有标底的，应当参考标底。

3. 评标方法

评标方法最常用的包括经评审的最低投标价法和综合评估法。

1）最低投标价法

最低投标价法，一般适用于具有通用技术、性能标准或者招标人对其技术、性能没有特殊要求的招标项目。

采用经评审的最低投标价法的，评标委员会应当根据招标文件中规定的评标价格调整方法，对所有投标人的投标报价以及投标文件的商务部分作必要的价格调整。

2）综合评估法

不宜采用经评审的最低投标价法的招标项目，一般应当采取综合评估法评审。最大限度地满足招标文件中规定的各项综合评价标准的投标，应当推荐为中标候选人。

衡量投标文件是否最大限度地满足招标文件中规定的各项评价标准，可以采取折算为货币的方法、打分的方法或者其他的方法。需量化的因素及其权重应当在招标文件中明确规定。

4．中标人的确定

评标委员会经过对投标人的投标文件进行初评和详评以后，要编制书面评价报告。招标人根据评标委员会提出的书面评标报告和推荐的中标候选人确定中标人。也可以授权给评标委员会确定中标人。

三、中标

1．中标通知书的发出

中标人确定后，招标人应当向中标人发出中标通知书，并同时将中标结果通知所有未中标的投标人。

2．招标人与中标人签订合同

招标人和中标人应当自中标通知书发出之日起 30 日内，按照招标文件和中标人的投标文件订立书面合同。招标人和中标人不得再另行订立背离合同实质性内容的其他协议。

3．招标合同的履行

中标人应当按照合同约定履行义务，完成中标项目。中标人不得向他人转让中标项目，也不得将中标项目肢解后分别向他人转让。中标人按照约定或者经招标人同意，可以将中标项目的部分非主体、非关键性工作分包给他人完成。接受分包的人应当具备相应的资质条件，并不得再次分包。中标人应当就分包项目向招标人负责，接受分包的人就分包项目承担连带责任。

【例 2-1】

1．背景

某火力发电厂建设工程为国家重点建设项目，总投资额 18 000 万元。其中对工程概算 7650 万元的设备安装工程进行招标。本次招标采取了邀请招标的方式，由建设单位自行组织招标。2005 年 10 月 11 日，向具备承担该项目能力的 A、B、C、D、E 五家承包商发出投标邀请书，2005 年 11 月 8 日 14 时为投标截止日期，该五家承包商均接受邀请，并按规定时间提交了投标文件。但承包商 A 在送出投标文件后发现报价估算有较严重的失误，便赶在投标截止日期前 10 分钟递交了一份书面声明，撤回已递交的投标文件。

2005 年 10 月 18 日，由投资方、建设方、技术部门等各代表参加的评标委员会组成。11 月 8 日 14 时公开开标。开标时，由招标单位委托的市公证处人员检查投标文件的密封情况，确认无误后，由工作人员当众拆封。由于承包商 A 已撤回投标文件，故招标人员宣布有

B、C、D、E 四家承包商投标，并宣读该四家承包商的投标价格、工期和其他主要内容。

在评标过程中，评标委员会要求 B、D 两个投标人分别对施工方案作详细说明，并对若干技术要点和难点提出问题，要求其提出具体、可靠的实施措施。作为评标委员会的招标人代表希望承包商 B 再适当考虑一下降低报价的可能性。

通过对四家投标企业递交的标书进行评选，评标委员会向建设单位按顺序推荐了中标候选人。建设单位认为评标委员会推荐的中标候选人不如名单之外的某施工企业提出的优惠条件好（实际上是垫资施工），意向让这家企业中标。但在有关单位的干预和协调下，建设单位最终从评标委员会推荐的中标候选人中选择了承包商 B 作为中标人。并于 11 月 10 日将中标通知书以挂号方式寄出，承包商 B 于 11 月 14 日收到中标通知书。从 11 月 16 日至 12 月 11 日招标人与承包商 B 多次谈判，最终双方于 12 月 14 日签订了书面合同。

2. 问题

对照《中华人民共和国招标投标法》的规定，在该项目的招标投标程序中，有哪些不妥之处？逐一说明之。

3. 分析与答案

根据《中华人民共和国招标投标法》的有关规定，在该项目的招标投标程序中，有以下几方面的不妥之处。

(1) 招标范围不符合《中华人民共和国招标投标法》的规定。

该项目是国家重点建设项目，属于依法必须招标项目。本项目总投资额 18000 万元，只对投资 7650 万元的设备安装工程进行招标。

(2) 招标方式选择不当。

按规定，依法招标项目应采用公开招标方式发包，即便不适宜公开招标，选用邀请招标方式也应经法定方式审批，本项目显然未经批准程序。

(3) 自行招标应向有关部门进行备案。

根据有关规定：依法必须进行招标的项目，招标人自行办理招标事宜的，应当向有关行政监督部门备案。行政监督部门根据有关法规，对招标人是否具备自行招标的条件进行监督，确认其是否具备编制招标文件的能力和组织招标的能力。建设部《招标投标管理办法》第 12 条规定："招标人自行办理施工招标事宜的，应当在发布招标公告或者投标邀请书的 5 日前，向工程所在地县级以上地方人民政府建设行政主管部门备案。"从案例资料看，招标人未作此备案。

(4) 评标委员会组成不合法。

由投资方、建设方、技术部门等部门代表参加组成评标委员会的做法，违反法律规定的评标委员会委员"由招标人从国务院有关部门或省、自治区、直辖市人民政府有关部门提供的专家名册或者招标代理机构的专家库内的相关专业的专家名单中确定"的规定。

(5) 招标人仅宣布四家承包商参加投标不符合规定。

招标人应仅宣布四家承包商参加投标，《中华人民共和国招标投标法》规定："招标人在招标文件要求提交投标文件的截止日期前收到的所有文件，开标时都应当当众拆封、宣读。"因此虽然承包商 A 在投标截止日期前已撤回投标文件，但仍应投标人宣读其名称，但不宣读其投标文件的其他内容。

(6) 评标过程中要求承包商考虑降价不合法。

《中华人民共和国招标投标法》规定：评标委员会可以要求投标人对投标文件中含义不明确的内容作必要的澄清或者说明，但是澄清或者说明不得超出投标文件的范围或者改变投标文件的实质性内容，在确定中标前，招标人不得与投标人就投标价格、投标方案的实质性内容进行谈判。

(7) 招标人确定推荐中标人之外的单位中标的做法违反法律规定。

《中华人民共和国招标投标法》规定：招标人根据评标委员会提出的书面评标报告和推荐的中标候选人确定中标人。

(8) 订立书面合同的时间过迟。

《中华人民共和国招标投标法》规定：招标人和中标人应当自中标通知书发出之日起 30 日内订立书面合同。本案例显然超过了《中华人民共和国招标投标法》规定的时限。

【例 2-2】

1. 背景

具有机电安装工程施工总承包一级资质的某施工单位，曾经多次承揽过大中型体育场馆机电安装工程施工，拥有良好的施工设备和测试仪器，有丰富经验的施工技术人员和项目经理，近几年的经营状况和财务状况良好，但目前的施工任务不太饱满。该单位从"某市招标网"上获悉某市一中型体育馆机电安装工程公开招标，该工程为某市重点工程。施工的公开招标公告主要内容如下。

(1) 项目法人：某市政府。招标单位：×××招标代理公司。建设地点：某市北郊。计划工期：2008 年 1 月底开工，2009 年 10 月底竣工。招标方式：无标底公开招标。资金来源：某市政府。

(2) 投标人必须同时具备的条件：

① 响应招标、参加投标竞争的中华人民共和国境内的法人；

② 具有国家建设部颁发的"机电安装工程施工总承包一级"资质；

③ 承担过大中型体育场馆机电安装工程施工；

④ 具有良好的财务状况、施工业绩和良好的施工设备；

⑤ 有较丰富经验的项目负责人。

(3) 该机电安装工程中的智能化工程、消防工程由机电安装工程总承包单位分包。

2. 问题

(1) 该施工单位是否应参加此次投标？说明具体理由。

(2) 招标单位对投标单位资格审查时一般审查哪些方面？该施工单位能否通过资格审查？

(3) 机电安装工程总承包单位在分包时有哪些法定程序？

(4) 若该工程投标实行工程量清单报价，若允许调整，施工单位如何对策？

3. 分析与答案

(1) 施工单位应该参加此次投标。因为本案例的施工单位是一家具有机电安装工程施工总承包一级资质的施工单位，并且曾经多次承揽大型机电安装工程施工，有良好的业绩和丰富的经验，能满足工期要求，符合投标人条件。

(2) 该施工单位能够通过资格审查。招标单位对投标单位资格审查时，一般审查以下方面：法定代表人资格证书；授权代表的授权委托书；企业营业执照、企业资质等级证书；企业概况及履约能力资料；企业近三年的财务审计报告；主要工机具、机械设备一览表；企业施工业绩及其证明资料；担任该项目的项目经理需要具备机电安装工程建造师资格，并有相关的业绩证明；招标文件中要求的其他相关资料。

(3) 分包工程发包程序如下：

对申请承包分包工程的分包方的资质等级、资源条件、施工能力及其业绩等进行资格审核；

采用招标的方式选定分包方，要规定招标投标纪律，避免舞弊行为和不正当竞争手段的发生；

评标和决标，应有一个相互制约而且是各专业人员组成的机构；

选定分包后，经建设单位同意才能签订“工程分包合同”。

(4) 略。

第3章 机电安装工程项目合同管理

机电安装工程项目合同是承包人进行安装工程施工建设，发包人支付价款的合同。在机电安装工程项目的实施过程中，往往会涉及很多合同，比如施工承包合同、供货合同、总承包合同、分包合同等。合同管理，不仅包括对每个合同的签订、履行、变更和解除等过程的控制和管理，还包括对所有合同进行筹划的过程，因此，合同管理是整个项目管理的核心，是机电安装工程项目管理的重要内容之一。本章主要内容是机电安装工程合同文本与履行，总包与分包合同的实施，合同风险防范，合同的变更与终止，机电安装工程项目索赔，合同管理在机电安装工程项目实践中的应用。

3.1 合同的范围

机电安装工程项目合同范围主要涉及机电安装工程项目总承包合同、机电安装工程项目分包合同和机械设备采购合同。

一、总承包合同的范围

机电安装工程项目总承包合同是业主方和机电安装工程项目总承包方签订的施工承包合同，它是机电安装工程项目施工全过程中双方权利义务的约定。机电安装工程项目总承包合同的管理，应包括合同的订立、履行、变更、争议、索赔、终止等方面的内容。

(1) 工程总承包范围如果包括工程设备采购，应另外签订设备采购合同或协议书，作为工程总承包合同的补充合同。

(2) 工程总承包范围如果包括负荷联动试车或投料试生产，应另外签订合同或协议书，作为工程总承包合同的补充合同。

(3) 总承包方在履行合同职责时，根据合同范围要求，需要负责设备的采购、运输、检查、安装、调试及试运行。

(4) 订立国际项目的总承包合同，应采用国际惯例，如 FIDIC 条款(土木工程施工合同条件)的规定。

(5) 总承包方在订购材料前，应将材料样品送审，或将材料送到指定的试验室进行试验，试验结果报监理工程师审核和确认。随时抽样检验进场材料质量。

二、分包合同的范围

工程分包是指总承包企业将所承包工程中的专业工程或劳务作业发包给其他施工企业完成的活动。机电安装工程项目分包合同范围包括专业工程分包和劳务作业分包。

(1) 总承包合同约定的或业主指定的分包项目不属于主体工程，总承包单位考虑分包施工更有利于工程的进度和质量；一些专业性较强的分部工程分包，分包方必须具备相应的企业资质等级，如石油化工企业、冶金企业、电力企业资质，以及相应技术资格，如锅炉、压力管道、压力容器、起重、电梯技术资格。

(2) 签订分包合同后，若分包合同与总承包合同发生抵触时，应以总承包合同为准，分包合同不能解除总承包单位任何义务与责任。分包单位的任何违约或疏忽，均会被业主视为违约行为。因此，总承包单位必须重视并指派专人负责对分包方的管理，保证分包合同和总承包合同的履行。

(3) 只有业主和总承包方才是工程施工总承包合同的当事人，但分包方根据分包合同也应享受相应的权利和承担相应的责任。分包合同必须明确规定分包方的任务、责任及相应的权利，包括合同价款、工期、奖罚等。

(4) 分包合同条款应写得明确和具体，避免含糊不清，也要避免与总承包合同中的发包方发生直接关系，以免责任不清。应严格规定分包单位不得再次把工程转包给其他单位。

(5) 劳务分包是机电安装工程承包合同管理的重要组成部分，劳务分包合同包括劳务方开工和完工日期、工程施工范围、应遵守的技术标准和法律法规等方面。

三、机械设备采购合同的范围

(1) 机电安装工程采购主要包括工程设备、工程材料、施工机械、各种机具、测试仪器、仪表等。

(2) 机械设备采购合同应包括：产品的名称、品种、型号及规格；产品的技术标准和质量保证；产品数量和计量方法；产品包装标准与回收；运输手段、运输要求及到货地点；提货单和提货人；提货期限；验收方式和方法，包括质量验收和数量验收；产品价格；结算方式、开户银行、账户名称、账号、结算单位等；违约责任及解决争端的有关约定。

3.2 合同的变更

机电安装工程项目合同的变更分为工程变更和设计变更。

1. 工程变更

工程变更包括：工程量变更、工程项目变更、进度计划变更、施工条件变更等。

2. 设计变更

设计变更主要包括：更改有关标高、基线、位置和尺寸；增减合同中约定的工程量；改变有关工程中的施工时间和顺序等。

3.3 合同的风险

一、合同风险的类别

合同风险的类别主要有：材料设备风险、人员风险、组织协调风险、政治及社会风险等。

二、规避风险的对策

(1) 签订一个完善有利的承包合同，明确业主提供的材料设备在质量、供应时间上的责任；在合同条款中明确业主承担的风险责任以及补偿条件；进行相应的投保(险)。

(2) 在合同中明确业主(监理方)的协调责任。

(3) 通过合同，明确要求业主提供详细、确实、可靠的资料；拟订可靠的施工技术方案，也可用分包方式转移风险。

(4) 利用各种可能进行国际合理避税，利用资金进行有利于自己的国际贸易。

3.4 分包合同的管理

一、分包工程发包程序

(1) 对申请承包分包工程的分包方的资质等级、资源条件、施工能力及其业绩等进行资格审核。

(2) 采用招标的方式选定分包方，要规定招标投标纪律，避免舞弊和不正当竞争行为的发生。

(3) 评标和决标，应有一个相互制约而且是各专业人员组成的机构；选定分包后，经建设单位同意才能签订“工程分包合同”。

二、总承包方和分包方的职责

1. 总承包方的职责

为分包方创造施工条件，包括临时设施、设计图纸及必要的技术文件、规章制度、物资供应、资金等，对分包方的施工质量和安全生产进行监督、指导。

2. 分包方的职责

保证分包工程质量、安全和工期，满足总承包合同的要求；按施工组织总设计编制分包施工方案；编制分包工程的施工进度计划、预算、结算；及时向总承包方提供分包工程的计划、统计、技术、质量、安全和验收有关资料。

三、工程分包的履行与管理

(1) 总承包方对分包方及分包工程施工，应从施工准备、进场施工、工序交验、竣工验收、工程保修以及技术、质量、安全、进度、工程款支付等进行全过程的管理。

(2) 对分包工程施工管理的主要依据是：工程总承包合同；分包合同；承包工程施工中采用的国家标准、行业标准，有关法律法规、规程、规章制度；总承包方及监理单位的指令。

(3) 总承包方应派代表对分包方进行管理，并对分包工程施工进行有效控制和记录，保证分包合同的正常履行，以保证分包工程的质量和进度满足工程要求，从而保证总承包方的利益和信誉。

(4) 分包方对开工、关键工序交验、竣工验收等过程经自行检验合格后，均应事先通知总承包方组织预验收，认可后再由总承包方代表通知业主组织检查验收。

(5) 总承包方或其主管部门应及时检查、审核分包方提交的分包工程施工组织设计、施工技术方案、质量保证体系和质量保证措施、安全保证体系及措施、施工进度计划、施工进度统计报表、工程款支付申请、隐蔽工程验收报告、竣工交验报告等文件资料，提出审核意见并批复。

(6) 当分包方在施工过程中出现技术质量问题或发生违章、违规现象，总承包方代表应及时指出，除轻微情况可用口头指正外，均应以书面形式令其改正并做好记录。

(7) 若因分包方责任造成重大质量事故或安全事故，或因违章造成重大不良后果的，总承包方可向其主管部门建议终止分包合同，并按合同追究其责任。

(8) 分包工程竣工验收后，总承包方应组织有关部门对分包工程和分包单位进行综合评价并作出书面记录，以便为以后选择分包商提供依据。

(9) 总承包方要在加强分包合同管理的同时，注意防止分包方索赔事件的发生。

(10) 由于业主的原因造成分包方不能正常履行合同而产生的损失，应由总承包方与业主共同协商解决，或依据合同的约定解决。

3.5 索赔

一、索赔的含义

机电安装工程项目索赔是指机电安装工程项目合同当事人在履行合同中，对并非因自己过错而发生的经济损失，依据法律规定和合同条款，要求对方当事人予以赔偿或补偿的法律行为。

索赔是当事人的一种求偿权利，索赔制度是对合同主体合法权益的确认及保护，当事人的索赔请求是以合同条款或法律规定为依据的，缺乏权利依据，即使当事人因履行合同受到损失，也不能得到赔偿。

赔偿是经济补偿的救济方法，是当事人在履行合同中发生的直接损失由对方当事人或其他责任人给予的合理补偿，其适应条件是当事人发生了实际损失，而无论对方当事人是否有过错。所以，赔偿的定性和定量是以当事人的实际损失为依据，体现合理补偿的原则，索赔制度的目的是“救济”，而非“惩罚”。

二、索赔的类型

1. 根据索赔依据分

根据索赔依据不同，机电安装工程项目索赔分为按约索赔与依法索赔。

(1) 按约索赔是当事人按照合同约定的索赔或补偿事项、范围、数额、形式等条款进行索赔。

(2) 依法索赔是当事人根据法律有关规定，对履行合同中发生的损失提出索赔。依法索赔的内容是根据法律规定或赔偿原则确定的，不一定完全符合当事人的意愿。只有在当事人对索赔内容没有约定或约定不明确的情况下，才适应依法律规定或司法惯例进行索赔。

2. 根据索赔主体分

根据索赔主体不同，机电安装工程项目索赔分为业主索赔、承包商索赔、业主或承包商向第三方索赔。

(1) 业主索赔是由于承包商未履行机电安装工程合同明示或默示义务，由业主向承包商提出的索赔。在机电安装工程分包合同中，分包商违约造成的损失，业主可以向承包商索赔。

(2) 承包商索赔是承包商由于非自身原因，因履行或未履行机电安装工程合同受到损失而向业主要求索赔。在机电安装工程分包合同中，分包商可以依据合同或法律向承包商索赔，承包商承担赔偿责任后，可以再向业主提出索赔。

(3) 向第三方索赔是业主或承包商由于第三方违约行为或侵权事实，造成履行机电安装工程合同中实际损失，而向第三方要求赔偿。向第三方索赔是机电安装工程当事人以外的第三方因过错承担机电安装工程合同中发生的损失，它往往是一种连带性索赔。例如，承包商按照机电安装工程合同自行向第三方订购设备，如果设备供应商交付的设备存在瑕疵，致使业主受到损失，业主对此只能向承包商提出索赔，而承包商承担赔偿责任后，继而向设备供应商要求索赔，将损失转嫁给真正责任人。

3. 根据索赔事由分

根据索赔事由不同，机电安装工程项目索赔分为综合索赔与项目索赔。

(1) 综合索赔是设备工程合同当事人一方就履行合同中发生的若干损失向对方当事人提出的总的索赔要求。综合索赔一般发生在合同履行末期。

(2) 项目索赔是当事人一方就履行合同中的某项损失向对方当事人提出独立索赔要求。项目索赔可以发生在合同履行的各个阶段。

综合索赔的依据一般以项目损失为基础，反映对当事人损失的总体赔偿，具有一定的概括性和补偿性；项目索赔的依据是具体、独立的，且具有较强的时效性，如果当事人不在约定或法定期限内提起索赔，则丧失了要求强制赔偿的权利。

4. 根据索赔目的分

根据索赔目的的不同，机电安装工程项目索赔分为费用索赔与工期索赔。

(1) 费用索赔是当事人因履行合同而发生额外损失要求对方给予经费补偿。当事人双方均可根据损害事实向对方提出费用索赔。

(2) 工期索赔是承包商要求业主延长合同期限或增加工程日期。工期索赔是承包商向业主提出的单项索赔。在一些情况下，承包商的损失是无法用费用来补偿的，只有增加工期，才能合理地保护和实现承包商的利益。

5. 根据合同义务表示方式分

根据合同义务表示方式不同，机电安装工程项目索赔分为明示义务索赔与默示义务索赔。

(1) 明示义务索赔是当事人根据合同明确规定的条款提起索赔。明示义务索赔依据清楚、具体，根据明示义务进行索赔，程序比较简便。

(2) 默示义务索赔是当事人一方由于对方未履行其默示义务而受到损失时，要求对方给予赔偿。默示义务的产生和内容，一方面是根据合同相关的规定和惯例，另一方面是属于明示义务的“必要延伸”，如设备监理合同规定业主应及时办理有关合同成立的批准文件，则申请批准文件的时间、采用的方法和程序、所应支付的费用以及满足批准的条件等，均是业主的模式义务。

三、索赔的事由

1. 承包商索赔的事由

(1) 业主未在约定期限前，办理完毕相关手续，延误开工日期。
(2) 业主未按约定日期交付设备图纸、技术资料，造成承包商窝工。
(3) 业主中途改变设计方案，致使承包商受到损失。
(4) 业主因非承包商原因发布停工令、变更令。
(5) 业主要求增加工程量或采取赶工措施。
(6) 因业主原因造成工程未能及时进行中间或阶段验收。
(7) 业主指示错误，致使承包商受到损失。
(8) 出现不可抗力，按照合同不应由承包商承担的损失。
(9) 业主未按约定期限、方式或数额支付合同价款。
(10) 由于国家法律、法规或部门规章的修改，承包商利益应因此有所增加。
(11) 其他法定或约定索赔事由。

2. 业主索赔的事由

(1) 承包商原因延误合同期限，致使业主不能按期使用设备工程。
(2) 承包商交付设备工程或合同标的行为未达到约定的质量标准。
(3) 因承包商侵权行为，致使业主受到损失。
(4) 因第三方原因使业主受到损失，而承包商对此应承担连带责任。
(5) 其他承包商违约给业主造成损失。

四、索赔的实施

1. 索赔的处理过程

1) 意向通知

发现索赔或意识到有潜在的索赔机会后，承包方应将索赔意向以书面形式通知监理工程师(业主)，它标志着一项索赔的开始。索赔意向通知只是表明意向，内容不涉及索赔数额，文字应简单扼要。

2) 资料准备

索赔的成功很大程度上取决于承包方对索赔作出的解释以及强有力的证明材料，因此，在正式提出索赔报告前的资料准备工作极为重要。高水平的文档管理信息系统提供确凿的证据，对索赔的进行是极为关键的。

3）索赔报告的编写

索赔报告是承包方向监理工程师（业主）提交的一份要求业主给予一定费用补偿或延长工期的正式报告，应对索赔报告进行反复讨论和修改，力求报告有理有据且准确可靠。

4）索赔报告的提交

报告应及时提交监理工程师（业主），并主动向对方了解索赔处理的情况，根据对方提出的问题进一步做资料的准备或补充资料，尽量为对方处理索赔提供帮助、支持和合作。

5）索赔报告的评审

监理工程师（业主）对承包方的索赔报告进行评审，当监理工程师提出质疑时，承包方必须提供进一步的证据，应对监理工程师提出的各种质疑作出圆满的答复。

6）索赔谈判

监理工程师经过对索赔报告的评审，将组织并参加业主和承包方之间进行的索赔谈判，提出对索赔处理的初步意见。通过谈判，作出索赔的最后决定。

7）争端的解决

如果索赔在业主和承包商之间不能通过谈判解决，可就其争端的问题进一步提交总监理工程师解决至仲裁。

2. 索赔的计算方法

索赔费用分为人工费索赔、材料费索赔、施工机械费索赔、管理费索赔四类。

1）人工费索赔

人工费索赔计算方法有三种：实际成本和预算成本比较法；正常施工期与受影响施工期比较法；科学模型计量法。

2）材料费索赔

材料费索赔主要包括因材料用量和材料价格的增加而增加的费用。材料单价提高的因素主要是材料采购费，通常是手续费和关税；运输费增加可能是运距加长、二次倒运等原因；仓储费增加可能是因为工作延误，使材料储存的时间延长导致费用增加。

3）施工机械费索赔

施工机械费索赔一般采用公布的行业标准所确定的租赁费率，参考定额标准进行计算。

4）管理费索赔

管理费索赔无法直接计入某具体合同或某项具体工作中，只能按一定比例进行分摊。

3. 索赔成功的条件及其技巧

索赔成功的条件：组建强有力的、稳定的索赔班子，确定正确的索赔战略和策略。

索赔成功的技巧一般包括确定索赔目标、对索赔方的分析、承包方经营的战略分析、对外关系分析、谈判过程分析等。

【例 3-1】

1. 背景

某机电安装工程，由 A 单位中标承担施工任务。合同约定，由施工单位负责设备、材料的采购供应工作。施工中业主方的现场负责人向 A 单位竭力推荐 B 厂家生产的电线。A

单位考虑了许多因素后，最后无奈接受。

2. 问题

（1）A单位接受后应做哪些后续工作？

（2）若B厂家运至现场的电线，验收时发现导线直径偏小，误差超过了标准要求，A单位应作何处理？

3. 分析与答案

（1）在签订正式供货合同之前，A单位应对B厂家的生产能力和质量保证能力进行考察，如果厂家的工艺流程、生产能力和质量保证能力能满足要求，产品也经过了3C强制性认证，则应写出供方评价报告，按照质量体系的相关程序办理批准手续后将其列入合格供应商名册，再签订供货合同。

（2）在进场验收时发现电线线径偏小并超过标准规定的误差，如在工程上使用则有可能引起后患，故应作为不合格品处理，在该批电线上作出明显的标示，单独存放或作退货处理；做好记录，作为下一年度评价合格供应商的依据。若多次发生类似情况，则可将B厂家从合格供应商名册中剔除，并可根据合同规定追究B厂家的违约责任。总之，检验不合格的材料决不允许用于工程。

【例3-2】

1. 背景

某机电安装工程合同在履行过程中，业主要求施工承包单位加速施工，施工承包单位在监理工程师发出加速施工指令后的30天向监理工程师发出索赔意向通知。随后，施工承包单位又向监理工程师提示了补偿经济损失的索赔报告及有关资料。索赔报告中详细准确地计算了损失金额及时间，并证明了客观事实与损失之间的因果关系。

2. 问题

（1）合同实施过程中引起索赔的原因有哪些？

（2）监理工程师是否会同意由施工承包企业发出的索赔意向通知？为什么？

（3）索赔意向通知通常包括哪些方面的内容？

（4）背景材料中，施工承包单位提交的索赔报告的内容是否全面？如不全面，请补充。

（5）由于索赔产生的争端，应如何解决？

3. 分析与答案

（1）合同实施过程中引起索赔的原因有：延期索赔、工作范围索赔、加速施工索赔、不利的现场条件索赔和合同缺陷索赔。

（2）监理工程师不会同意施工承包企业发出的索赔意向通知，因为在索赔事件发生的28天内，向监理工程师发出索赔意向通知才有效，而本案例是在索赔事件发生的第30天提出。

（3）索赔意向通知通常包括的内容如下：

① 事件发生的时间和情况的简要描述；

② 合同依据的条款和理由；

③ 有关后续资料的提供；

④ 承包方在事件发生后，所采取的控制事件进一步发展的措施；

⑤ 对工程成本和工期产生不利影响的严重程度；

⑥ 申明保留索赔的权利。

(4) 施工承包单位提交的索赔报告的内容不全面，该索赔报告还应包括合同索赔的依据、合同变更与提出索赔的必然联系。

(5) 由于索赔产生的争端，应按以下方法来解决：

① 索赔若出现争端时，一般由监理工程师主持会议，承包方和招标方均派代表参加，争取协议解决；

② 协议不能解决争端时，应提交争端裁决委员会进行调解；

③ 若争端裁决委员会经过协调仍不能解决，只能通过仲裁机构或通过法院起诉解决争端。

【例 3-3】

1. 背景

某机电安装工程项目施工合同价为 560 万元，合同工期为 6 个月，施工合同约定如下内容。

(1) 开工前业主向施工单位支付合同价 20%的预付款。

(2) 业主自第一个月起，从施工单位的应得工程款中按 10%的比例扣留保留金，保留金限额暂定为合同价的 5%，保留金到第三个月底全部扣完。

(3) 预付款在最后两个月扣除，每月扣 50%。

(4) 工程进度款按月结算，不考虑调价因素。

(5) 主供料价款在发生当月的工程款中扣回。

(6) 若施工单位每月实际完成产值不足计划产值的 90%时，业主可按实际完成产值的 8%的比例扣留工程进度款，在工程竣工结算时将扣留的工程进度款退还施工单位。

(7) 经业主签认的施工进度计划和实际完成产值见表 3-1。

表 3-1 施工进度计划和实际完成产值表 单位：万元

工期/月	1	2	3	4	5	6
计划完成产值	70	90	110	110	100	80
实际完成产值	70	80	120			
业主供料价款	8	12	15			

该工程施工进入到第四个月时，由于业主资金出现困难，合同被迫中止。为此，施工单位提出以下费用补偿要求：

① 施工现场存有为本项目购买的特殊工程材料，计 50 万元；

② 因设备撤回基地发生的费用计 10 万元；

③ 人员遣返费用，计 8 万元。

2. 问题

(1) 该工程的工程预付款是多少元？应扣除的保留金总额为多少万元？

(2) 第一个月到第三个月各月签证的工程款是多少？应签发的付款凭证金额是多少万元？

(3) 合同终止时业主已支付施工单位各类工程款共计多少万元?

(4) 合同终止后施工单位提出的补偿要求是否合理?业主应补偿多少万元?

(5) 合同终止后业主应向施工单位支付多少万元的工程款?

3. 分析与答案

在本例中,应了解合同终止的条件,终止条件符合合同法的规定才允许合同终止。本例涉及下列几个指标的计算,计算方法如下。

工程预付款＝合同款×预付款占合同价的比率(%)

签证工程款＝实际完成产值×[1－应得合同款的保留金扣留比率(%)]

保留金限额＝合同价×保留金占合同总价的比率(%)

应签发的付款凭证金额＝签证的工程款－业主供料价款

按以上计算方法,本例各项费用计算结果如下。

(1) 工程预付款为

$$560\times20\%\ 万元=112\ 万元$$

保留金总额为

$$560\times5\%\ 万元=28\ 万元$$

(2) 各月签证的工程款与应签发的付款凭证金额计算。

第一个月:

签证的工程款为

$$70\times(1-10\%)\ 万元=63\ 万元$$

应签发的付款凭证金额为

$$(63-8)\ 万元=55\ 万元$$

第二个月:

本月实际完成产值不足计划产值的90%,即

$$(90-80)\div90=11.1\%$$

签证的工程款为

$$[80\times(1-10\%)-80\times8\%]\ 万元=65.60\ 万元$$

应签发的付款凭证金额为

$$(65.6-12)\ 万元=53.60\ 万元$$

第三个月:

本月扣保留金为

$$[28-(70+80)\times10\%]\ 万元=13\ 万元$$

签证的工程款为

$$(120-13)\ 万元=107\ 万元$$

应签发的付款凭证金额为

$$(107-15)\ 万元=92\ 万元$$

(3) 合同终止时业主已支付施工单位各类工程款共计为

$$(112+55+53.6+92)\ 万元=312.6\ 万元$$

(4) ① 补偿已购特殊工程材料价款50万元的要求合理。

② 施工设备遣返费补偿10万元的要求不合理。应补偿

$$\frac{560-70-80-120}{560}\times 10\text{ 万元}=5.18\text{ 万元}$$

③ 施工人员遣返费补偿8万元的要求不合理。应补偿

$$\frac{560-70-80-120}{560}\times 8\text{ 万元}=4.14\text{ 万元}$$

合计59.32万元。

(5) 合同终止后业主共应向施工单位支付的工程款为

$$(70+80+120+59.32-8-12-15)\text{ 万元}=294.32\text{ 万元}$$

【例3-4】

1. 背景

某地下管道工程,业主与施工单位参照FIDIC合同条件签订了施工合同,除税金外的合同总价为8600万元,其中:现场管理费率15%,企业管理费率8%,利润率5%,合同工期730天。为保证施工安全,合同中规定施工单位应安装最小排水能力为1.5 t/min的备用排水设施,两套设施合计15 900元。合同中还规定,施工中如遇业主原因造成工程停工或窝工,业主对施工单位自有机械按台班单价的60%给予补偿,对施工单位租赁机械按租赁费给予补偿(不包括运转费用)。

该工程施工过程中发生以下三项事件。

事件1:施工过程中业主通知施工单位某分项工程(非关键工作)需进行设计变更。由此造成施工单位的机械设备窝工12天。

事件2:施工过程中遇到非季节性大暴雨天气,由于地下断层相互贯通及地下水位不断上升等不利条件,原有排水设施满足不了排水要求,施工工区涌水量逐渐增加,使施工单位被迫停工,并造成施工设备被淹没。为保证施工安全和施工进度,业主指令施工单位紧急购买新的额外排水设施,尽快恢复施工,施工单位按业主要求购买并安装两套1.5 t/min的排水设施,恢复了施工。

事件3:施工中发现地下文物,处理地下文物工作造成工期拖延40天。

就以上三项事件,施工单位按合同规定的索赔程序向业主提出索赔。

事件1:由于业主修改工程设计造成施工单位机械设备窝工费用索赔,见表3-2。

表3-2 索赔明细表

项目	机械台班单价/(元/台班)	时间/天	金额/元
9 m^3 空压机	310	12	3720
25 t履带吊车(租赁)	1500	12	18000
塔吊	1000	12	12000
混凝土泵车(租赁)	600	12	7200
合计			40920

现场管理费为

$$40920\times 15\%\text{ 元}=6138\text{ 元}$$

企业管理费为

$$(40920+6138)\times 8\%\ 元=3764.64\ 元$$

利润为

$$(40920+6138+3764.64)\times 5\%\ 元=2541.13\ 元$$

合计 53363.77 元。

事件 2：由于非季节性大暴雨天气导致的费用赔偿。

备用排水设施及额外增加排水设施费为

$$\frac{15900}{2}\times 4\ 元=31800\ 元$$

被地下涌水淹没的机械设备损失费为 16000 元。

额外排水工作的劳务费用为 8650 元。

合计 56450 元。

事件 3：由于处理地下文物，工期、费用索赔。

延长工期 40 天的现场管理费增加额索赔如下。

现场管理费为

$$8600\times 15\%\ 万元=1290\ 万元$$

相当于每天为

$$\frac{1290\times 10000}{730}\ 元=17671.23\ 元$$

40 天合计为

$$17671.23\times 40\ 元=706849.20\ 元$$

2. 问题

(1) 指出事件 1 中施工单位的哪些索赔要求不合理？为什么？业主方工程师审核施工单位机械设备窝工费用索赔时，核定施工单位提供的机械台班单价属实，并核定机械台班单价中运转费用分别为：9 m^3 空压机为 93 元/台班，25 t 履带吊车为 300 元/台班，塔吊为 190 元/台班，混凝土泵车为 140 元/台班。最终核定的索赔费用应该是多少？

(2) 事件 2 中施工单位可获得哪几项费用的索赔？核定的索赔费用应该是多少？

(3) 事件 3 中业主是否应同意 40 天的工期延长？为什么？补偿的现场管理费如何计算，应补偿多少元？

3. 分析与答案

(1) 事件 1 的索赔要求分析如下。

因合同规定，业主应按自有机械使用费的 60%补偿，故自有机械索赔不合理。

因合同规定租赁机械由业主按租赁费补偿，故租赁机械索赔要求不合理。

因分项工程窝工没有造成全工地的停工，现场管理费、企业管理费索赔要求不合理。

利润索赔要求不合理，因机械窝工并未造成利润的减少。

工程师核定的索赔费用为

$$3720\times 60\%\ 元=2232\ 元$$

$$(18000-300\times 12)\ 元=14400\ 元$$

$$12000\times 60\%\ 元=7200\ 元$$

$$(7200-140\times 12)\ 元=5520\ 元$$

$$(2232+14400+7200+5520)\text{ 元}=29352\text{ 元}$$

(2) 事件 2 的索赔要求分析如下。

可索赔额外增加的排水设施费。

可索赔额外增加的排水工作劳务费。

核定的索赔费用为

$$(15900+8650)\text{ 元}=24550\text{ 元}$$

(3) 事件 3 的索赔要求分析如下。

业主应同意 40 天工期延长索赔，因地下文物处理是有经验的承包商不可预见的(或地下文物处理是业主应承担的风险)。

现场管理费应补偿额如下。

现场管理费为

$$\frac{86000000}{1.15\times1.08\times1.05}\times0.15=9891879.46\text{ 元}$$

每天的现场管理费为

$$\frac{9891879.46}{730}\text{ 元}=13550.52\text{ 元}$$

应补偿的现场管理费为

$$13550.52\times40\text{ 元}=542020.80\text{ 元}$$

或合同价中的 8600 万元减去 5%的利润为

$$\frac{86000000\times0.05}{1.05}\text{ 元}=4095238.10\text{ 元}$$

$$(86000000-4095238.10)\text{ 元}=81904761.90\text{ 元}$$

减去 8%的企业管理费为

$$\frac{81904761\times0.08}{1.08}\text{ 元}=606701.94\text{ 元}$$

$$(81904761-606701.94)\text{ 元}=75837742.50\text{ 元}$$

现场管理费为

$$\frac{75837742.50\times0.15}{1.15}\text{ 元}=9891879.46\text{ 元}$$

每天的现场管理费为

$$\frac{9891879.46}{730}\text{ 元}=13550.52\text{ 元}$$

应补偿的现场管理费为

$$13550.52\times40\text{ 元}=542020.80\text{ 元}$$

第4章 机电安装工程项目采购管理

机电安装工程项目采购管理是指为完成项目的目标从执行组织之外获取货物和服务的过程。机电安装工程项目采购管理应从机电安装工程项目总体目标出发，在项目的采购过程中降低项目总体成本，提高项目资金的使用效率，遵循质量原则、进度原则和经济原则。本章主要介绍机电安装工程项目采购管理的特点，机电安装工程项目采购工作程序，项目采购文件的编制要求，项目询价的工作程序以及采购管理在机电安装工程项目实践中的应用。

4.1 采购工作的程序

机电安装工程项目采购工作应遵循"公平、公开、公正"和"货比三家"的原则，保证按项目的质量、数量和时间的要求，以合理的价格和可靠的供货来源，获得所需的设备、材料及有关服务。

机电安装工程项目采购工作主要包括接受采购申请、编制采购计划、编制合格供货厂商、编制询价文件、询价、报价评审、定标、签订采购合同或订单等内容。图 4-1 所示为采购工作的基本流程图。

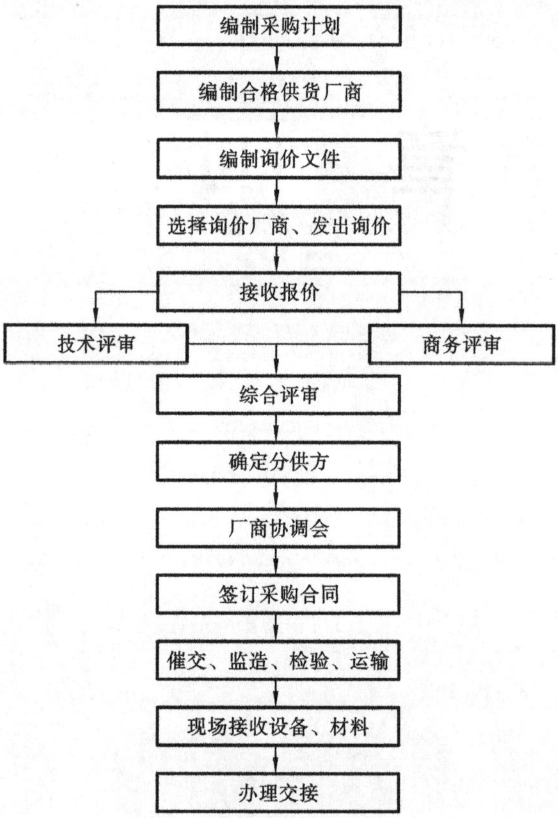

图 4-1 采购工作的基本流程图

以下对几个重要流程作简单介绍。

4.2 采购计划的编制

机电安装工程项目采购计划由采购经理组织编制，经项目经理批准后实施。

一、采购计划编制的依据

机电安装工程项目采购计划编制的依据如下。

(1) 项目合同。
(2) 项目管理计划和项目实施计划。
(3) 项目进度计划。
(4) 企业有关采购管理的程序和制度。

二、 采购计划编制的内容

机电安装工程项目采购计划主要包括以下内容。
(1) 编制依据。
(2) 项目概况。
(3) 采购原则,包括分包策略及分包管理原则,安全、质量、进度、费用控制原则,设备材料提交原则等。
(4) 采购工作范围和内容。
(5) 采购的职能岗位设置及其主要职责。
(6) 采购进度的主要控制目标和要求,长周期设备和特殊材料采购的计划安排。
(7) 采购费用控制的主要目标、要求和措施。
(8) 采购质量控制的主要目标、要求和措施。
(9) 采购协调程序。
(10) 特殊采购事项的处理原则。
(11) 现场采购管理要求。

4.3　询价文件的编制

一、 询价技术文件

1. 设备、材料请购文件

(1) 供货和工作范围;
(2) 技术要求和说明、工程标准;
(3) 图纸、数据表;
(4) 检验要求;
(5) 供货厂商提交文件的要求;
(6) 工艺负荷说明;
(7) 对制造材料的要求;
(8) 特殊设计要求;
(9) 超载能力和裕度要求;
(10) 控制仪表的要求;
(11) 电气和公用工程技术数据;

(12) 采用的技术规范和标准；
(13) 设备材料的表面处理和防腐、涂漆；
(14) 其他有关说明；
(15) 图纸和文件的审批；
(16) 底图和蓝图的份数、电子交付物的要求；
(17) 操作和维修手册的内容和所需份数；
(18) 指定用途、年限的备品备件清单；
(19) 性能曲线、检验证书和报告。

2. 询价技术附件

(1) 数据表；
(2) 技术规格书；
(3) 询价图纸及技术要求；
(4) 特殊要求和注意事项。
上述各项根据需要采购的货物不同而有所区别。

二、 询价商务文件

(1) 询价函及供货一览表；
(2) 报价须知；
(3) 采购合同基本条款和条件；
(4) 包装、运装及请款须知；
(5) 商务条款；
(6) 合同形式；
(7) 交货时间和地点；
(8) 检验要求；
(9) 交货条件；
(10) 货币种类和汇率；
(11) 支付条款；
(12) 联系人姓名和地址；
(13) 质量保证；
(14) 保险要求；
(15) 报价截止日期和报价有效期；
(16) 密封报价须知；
(17) 现场服务的要求。

以上文件采用标准通用文件，内容完整、严密，具有广泛的适用性。但是，这些文件不具备特殊性，因此，采购经理在执行某一特定项目时，应根据项目合同及业主的要求把以上通用商务文件修改为适合该项目使用的询价商务文件。询价技术文件和询价商务文件组成的询价文件，即可按采购计划向已确定的合格厂商发出询价。询价文件实例见附录A。

4.4　选择合格供货厂商

根据所需采购设备、材料的特点，从工程公司的合格厂商名单中按设备、材料的分包选择合格的供货厂商。选择合格厂商，重点要考虑下述内容。

(1) 工厂所取得的资格证书要适合制造该类设备、材料。

(2) 工厂的装备和技术必须具备制造该类设备、材料的能力并可保证产品质量和进度；同时也应该避免制造难度不大、吨位小的设备在大厂订货，或者制造难度大、吨位大的设备在中、小厂订货。这对保证设备质量进度都会存在隐患。

(3) 执行合同的信誉和过去合作的状态是否良好。

(4) 当时经营管理和质保体系运作的状态。

(5) 上年和当时的财务状态是否良好。

(6) 当年的上产负荷状态。

(7) 同类或类似设备、材料的业绩。

(8) 工厂至建设现场的运输条件是否满足要求，以距建设现场或集货港口比较近为宜。

(9) 对于已改制或正在改制的制造厂应关注其各方面的变化和法律地位。

(10) 对于成套商或中间商应特别关注其货物来源及质量，成套能力资金状况和执行合同的信誉。

总之，在选择合格询价厂商时，应以处理个案的方式考虑问题，这样才能保证货物质量、进度、费用得到有效的控制。

4.5　报价的评审

一、技术评审

技术评审由相关的专业负责人进行，由项目设计经理审批。技术评审的依据是请购单所包括的所有询价技术文件和厂商的技术报价，并据此对厂商的技术报价评审作出合格或不合格或局部修改后合格的结论。最后，对各厂商在评价合格的基础上作横向比较并排出推荐顺序。

二、商务评审

商务评审由采购工程师负责，采购经理审批。对于技术评审不合格的厂商不再作商务评审。商务评审的依据是询价商务文件和厂商的商务报价，重点评审厂商的价格构成是否合理并具有竞争力。评审的内容有交货期、支付及支付条件、质量保证、财政状况、执行合同的信誉等。对各厂商的商务报价作横向比较并排出推荐顺序。

三、综合评审

采购经理在技术评审和商务评审的基础上进行综合评审。综合评审既要考虑技术，也要考虑商务，并从质量、进度、费用、厂商执行合同的信誉、同类产品业绩、交通运输条件等方面综合评价并排出推荐顺序，再由项目经理审批。对于价格高、制造周期长的重要设备或批量大的材料还需要公司主管经理批准（如果公司有此规定）。如果报价突破已经批准的预算，则需要从费用控制工程师开始逐级办理审批手续。最终按经过批准的修正预算进行控制。

【例 4-1】

1. 背景

某石油化工工程公司对某石化总厂化纤工程中的 PX（对二甲苯）装置实施设计、采购、施工总承包。该工程施工进度要求 PX 装置必须于 2006 年 3 月 24 日抵达施工现场。项目采购部编制了装置采购详细进度计划，见表 4-1。采购部于 2005 年 4 月 15 日接到设计部门编制的请购单，经过询价文件准备、询价发出、收到报价、完成报价评审，最后与厂商于 2005 年 4 月 26 日签订采购订单。检验需要用 104 天时间，制造和催交需要 289 天时间。

表 4-1　采购详细进度计划表

标识号	任务名称	工期/天	开始时间	完成时间
1	PX 装置	342	2005-4-15	2006-3-22
2	收到请购单	0	2005-4-15	2005-4-15
3	发出询价	0	2005-4-16	2005-4-16
4	评价、谈判	20	2005-5-6	2005-5-20
5	签约	0	2005-5-26	2005-5-26
6	ACF 图	0	2005-7-10	2005-7-10
7	CF 图	0	2005-8-9	2005-8-9
8	检验	104	2005-11-25	2006-3-8
9	制造、催交	289	2005-5-28	2006-3-12
10	设备出厂	0	2006-3-12	2006-3-12
11	抵达现场	0	2006-3-15	2006-3-15

2. 问题

(1) 从给定的采购详细进度计划表判断，PX 装置能否保证项目施工进度正常进行？

(2) 如果订单周期指从采购部门接到设计部门编制的请购单起，经询价文件准备、询价发出、收到报价、完成报价评审、签订采购订单为止的时间段，订单周期为多少天？

(3) 装置的制造时间（也称制造周期）为 289 天，应该从哪项任务开始，哪项任务结束？

(4) 根据给定的采购详细计划表，绘制出对应的横道图。

3. 分析与答案

（1）按照给定的采购详细进度计划表推断，PX装置抵达现场的时间应该是2006年3月22日，工程施工进度要求PX装置必须于2006年3月24日抵达施工现场，而PX装置可在2006年3月22日抵达现场，故可以保证项目施工进度正常进行。

（2）由于订单周期指从采购部门接到设计部门编制的请购单起，经询价文件准备、询价发出、收到报价、完成报价评审、签订采购单为止的时间段，故订单周期应从2005年4月15日至2005年5月26日止的时间段订单周期为42天。

（3）装置的制造时间为289天，开始的时间为2005年5月28日，结束的时间是2006年3月12日，开始的时间和结束的时间在采购详细进度计划表上对应的任务是签约和设备出厂。

（4）略。

第5章 机电设备监造管理

设备监造是指承担设备监造工作的单位（以下简称监造单位）受项目法人或建设单位（以下简称委托人）的委托，按照设备供货合同的要求，坚持客观公正、诚信科学的原则，对工程项目所需设备在制造和生产过程中的工艺流程、制造质量及设备制造单位的质量体系进行监督，并对委托人负责的服务。设备监造并不减轻制造单位的质量责任，不代替委托人对设备的最终质量验收。总承包商对分包商而言，在分包商制造设备过程中总承包商就是分包商的建造单位，也就是遵循了谁采购谁建造的原则。

5.1 设备监造的技术内容

一、设备监造大纲

机电安装工程项目总承包企业承包工程设备采购任务时，应进行策划，编制设备监造大纲。其内容包括如下。

(1) 制定监造计划及进行控制和管理的措施。

(2) 明确设备监造的单位。设备监造可以企业自行组织监造，也可委托有资格单位负责监造，同时签订设备监造委托合同。

(3) 明确设备监造的过程。有设备制造全过程的监造，也有设备制造中重要部位的监造。

(4) 明确有资格的相应专业技术人员，到设备制造现场进行监造工作。

(5) 明确设备监造的技术要点和验收实施的要求。

二、设备监造的主要技术内容

(1) 根据设备运行的可靠性确定设备分类并列出清单，按设备在生产过程中的作用，一般分为三类。

① 一类设备是它的失效将立刻终止生产过程的设备。

② 二类设备是虽不会立刻终止生产过程，但只有经过切换或启动才能恢复生产的过程。

③ 三类设备是不属于以上两类设备的设备。

(2) 按设备的类别，即重要性和特殊性，对不同类别的设备分别进行制造车间的验证，包括监造、出厂试验验收、中间加强监督等。

(3) 设备监造的质量监督和质量保证体系。

设备监造是一个监督过程，它涉及整个设备的设计和制造过程。验证设备设计、制造中的重要质量特性与订货合同以及规定的适用标准、图纸和专业守则等的符合性。如发生重大事故时需要进行质量保证体系审核，其中技术文件如下。

① 监造过程相关的质量保证文件，如手册或大纲，包括主要程序清单。

② 设备加工过程中不合格品及其纠正措施控制程序，包括重大不合格品的报告和批准程序。

③ 监造记录、检验监督员工作定期报表，如分包方的质量问题备忘录和报告等。

(4) 监督点的设置。根据设备监造的分类，设备监造控制点，包括对设计过程中与合同要求的差异的处置。主要监督点要求如下。

① 停止点监督：针对设备安全或性能最重要的相关检验、试验而设置，监督人员在现场进行作业监视。监督人员按标准规定监视作业，确认该点的工序作业，重点验证作业人员上岗条件要求的质量与符合性。

② 证据监督：针对设备安全或性能重要的相关检验、试验而设置，监督人员在现场进行

作业监视。如因某种原因监督人员未出席，则制造厂可进行此点相应的工序操作，经检验合格后，可转入下道工序，但事后必须将相关的结果交给监督人员审核认可。

③ 文件记录点监督：要求制造厂提供质量符合性的检验记录、试验报告、原材料与配套零部件的合格证明书或质保书等技术文件，使总承包方确信设备制造相应的工序和试验已处于可控状态。

三、设备的包装、运输、交付

(1) 设备包装应符合相应的标准规定，如有特殊需要时，应提出具体内容，与制造单位洽商，研究相应的技术措施，并签订协议书和备忘录，必要时应明确包装物的供应与回收规定。

(2) 设备运输在进行必要的调研和考察后，确定运输方法，制定相应的技术措施，确保设备运输过程安全、可靠。

(3) 设备交付应明确交付的地点、时间、交(接)货的方式和方法。如果施工单位或施工企业无运输能力，交货地点最好确定在工程施工现场，避免二次运输。

(4) 国外工程设备还应包括进港、报关、通关、商检等程序。

5.2 设备监造的验收

一、设备监造验收的主要依据

(1) 设备订货合同。

① 全部与设备相关的参数、型号、数量、性能和其他要求。

② 进度供货范围。

③ 设备应配有的备品备件数量。

④ 服务要求：安装、使用、维护说明书。

⑤ 施工全过程的现场服务。

⑥ 国际合同的订立，还应明确：

- 付款货币名称，如两种以上货币当时的比例；
- 人民币与外币的汇率以及时间；
- 进出口资质，如本企业没有进出口资质时，可以委托有资质的国内(国际)代理商负责。

(2) 设计单位的设备技术规范书、图纸和材料清册。

(3) 总承包单位制定的监造大纲。

二、设备监造验收的主要规定

1. 设备监造验收的范围

设备监造验收包括以下全过程：① 设备设计；② 设备制造；③ 设备检验。

2. 设备监造验收的主要技术内容

(1) 重要设计图纸、文件与技术协议书要求的差异复核，主要制造工艺与设计技术要求的差异复核。

(2) 关键原材料和元器件质量文件复核，包括主要关键原材料、协作件、配套元器件的质保书和进厂复验报告中的数据与设计要求的一致性。

(3) 关键零部件和组件的检验、试验报告和记录以及关键的工艺试验报告与检验、试验记录和复核。

(4) 规定为最重要点和重要点的设备零件、部件、组件的加工质量特性参数试验，工艺过程的监视和相关记录的核对。

(5) 检查完工设备的外观质量、接口尺寸、油漆、充氮、防护、包装和装箱等质量，或相关文件、图纸和保证措施。

(6) 清点设备、配件和备件备品，确认供货范围完整性。

(7) 复核合同规定的交付图纸、文件、资料、手册、完工文件的完整性和正确性。

(8) 确认包装、发运与运输。

(9) 签署验证/验收文件，或后续行动计划。

3. 设备验收的程序

(1) 设备验收包括设备制造现场验收和设备在施工现场验收。

(2) 合同中明确需要进行设备制造现场验收时，在设备制造过程中实施现场验收工作。

(3) 设备验收的要求按设备验收的主要技术内容、要求实施。

(4) 进场验收是设备运输到达施工现场后，项目经理部组织有关人员按要求进行的验收。一般分进场和安装前两阶段进行。

① 进场后对设备包装物的外观检查，要求按进货检验程序规定实施；

② 设备安装前的存放、开箱检查要求按设备存放、开箱检查规定实施；

③ 验收进口设备首先应办理报关和通关手续，经商检合格后，再按进口设备的规定，进行设备进货验收工作。

【例 5-1】

1. 背景

某机电总承包一级施工单位通过招标承接了一栋 35 层的商务办公楼宇的机电安装工程。合同中规定工程承包范围包括：给水排水系统、电气系统、空调通风系统、消防系统和电梯安装。工程所需 6 台电梯和安装在 33 层设备房的 4 台冷水机组已由业主招标选定生产厂家，并与空调冷水机组生产厂签订了供货合同。由于招标时电梯生产厂是包安装的，为方便施工管理，业主授权总承包单位按招标条件与生产厂签订供货和工程安装合同。目标工期为 210 天，不可延误，每延误 1 天扣罚 5 万元人民币。

2. 问题

(1) 冷水机组和电梯都是甲供设备吗？为什么？它们应由哪个单位负责监造？

(2) 设备监造主要依据什么来验收？

(3) 在监造电梯时，有两台电梯出现了重大质量事故，项目部需要进行质量保证体系审核，其技术文件包括哪些内容？

(4) 两台电梯监造时出现了重大质量事故，使整个工期推迟了 30 天，应扣罚哪个单位的费用？为什么？

(5) 设备运输到达施工现场后，项目部应如何进行验收？

3. 分析与答案

(1) 冷水机组和电梯是否为甲供设备，应根据供货合同关系而定；设备由哪个单位监造，也应根据供货合同关系而定。根据本案例所述情况，冷水机组是甲供设备，电梯不是甲供设备。冷水机组由业主负责监造，电梯由总承包单位负责监造。因为冷水机组是由业主招标选定生产厂家，并与空调冷水机组生产厂签订了供货合同。电梯是业主授权总承包单位按照招标条件与生产厂供货和工程安装合同。

(2)设备监造主要依据什么来验收？这个问题应从设备订货合同、设计技术文件、设备监造大纲等方面来回答。

设备监造验收的主要依据如下。

① 设备订货合同：

全部与设备相关的参数、型号、数量、性能和其他要求；

进度供货范围；

设备应配有的备品备件数量；

服务要求：安装、使用、维护说明书；

施工过程的现场服务。

② 设计单位的设备技术规范书、图纸和材料清册。

③ 总承包单位制定的监造大纲。

(3) 项目部需要审核质量保证体系，其技术文件包括：

① 监造过程相关的质量保证文件，如手册或大纲，包括主要程序清单；

② 设备加工过程中不合格品及其纠正措施控制程序，包括重大不合格品的报告和批准程序；

③ 监造记录、检查监督员工作定期报表，如分包方的质量问题备忘录和报告等。

(4) 两台电梯监造时出现了重大质量事故，使整个工期推迟了 30 天，扣罚费应由哪个单位来承担，应从合同的关系、规定、责任来分析。

因为招标时电梯生产厂是包安装的，为方便施工管理，业主授权总承包单位按照招标条件与生产厂签订供货和电梯安装合同。因此，电梯是总承包单位提供的，其罚款费用应由总承包单位负责。

(5) 设备运输到达施工现场后，项目部应按照设备验收程序组织验收。

① 分进场和安装两阶段进行；

② 进场后对设备包装物的外观检查，要求按进货检验程序规定验收；

③ 设备安装前的存放、开箱检查要求按设备存放、开箱检查规定实施。

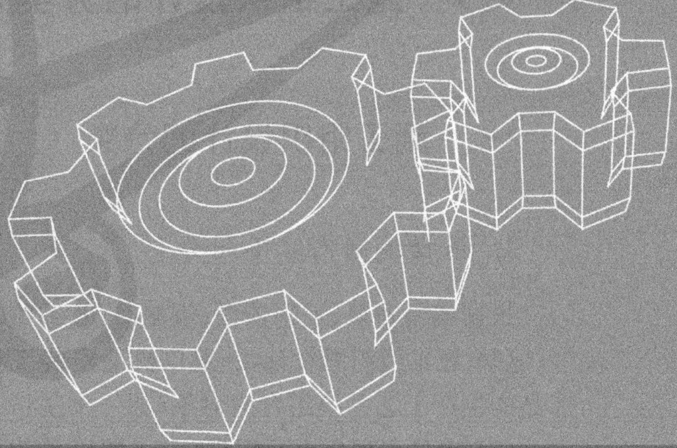

第6章 机电安装工程项目施工组织设计

机电安装工程项目施工组织设计是对施工活动实行科学管理的重要手段，它具有战略部署和战术安排的双重作用。它体现了实现基本建设计划和设计的要求，提供了各阶段的施工准备工作内容，协调施工过程中各施工单位、各施工工种、各项资源之间的相互关系。通过施工组织设计，可以根据具体工程的特定条件，拟定施工方案、确定施工顺序、施工方法、技术组织措施，可以保证拟建工程按照预定的工期完成，可以在开工前了解到所需资源的数量及其使用的先后顺序，可以合理安排施工现场布置。

6.1 施工组织设计的分类及其内容

一、施工组织设计的分类

1. 根据编制内容不同分

根据编制对象、编制依据、编制时间、编制单位的不同，施工组织设计可以分为三类。

(1) 施工组织总设计，一般以机电安装工程项目(或建筑)形成使用功能或整个能产出产品的生产工艺系统组合为对象(如一个工厂)。

(2) 单位工程施工组织设计，一般以单位工程为对象(如一栋楼房、一座桥等)，根据施工组织总设计来编制。

(3) 分部(分项)工程施工组织设计(施工方案)，一般以施工技术难度大、施工工艺比较复杂、质量要求较高或采用新工艺的分部分项工程或专业工程为对象，例如深基础、特大构件的吊装、调试方案、重要焊接方案、设备试运行方案等。

2. 根据阶段不同分

根据阶段不同，施工组织设计可以分为两类。

(1) 标前施工组织设计，又称为建设工程施工项目管理规划大纲，它是以招标文件为基础编制、为投标服务的，是投标文件的组成部分。

(2) 标后施工组织设计，又称为建设工程施工项目管理实施规划，它是以合同为依据编制的，是指导施工全过程中各项施工活动的技术综合性文件。

二、施工组织设计的内容

施工组织设计的内容要结合工程对象的实际特点、施工条件和技术水平进行综合考虑，一般包括如下内容。

1. 工程概况

(1) 本项目的性质、规模、建设特点、建设期限、分批交付使用的条件、合同条件。

(2) 本地区地形、地质、水文和气象情况。

(3) 施工力量，如劳动力、机具、材料等资源供应情况。

(4) 施工环境及施工条件。

2. 施工部署及施工方案

(1) 根据工程情况，结合人力、材料、机械设备、资金、施工方法等条件，全面部署施工任务，合理安排施工顺序，确定主要工程的施工方案。

(2) 对拟建工程可能采用的几个施工方案进行定性、定量的分析，通过技术经济评价，选择最佳方案。

3. 施工进度计划

(1) 施工进度计划反映了最佳施工方案在时间上的安排，采用计划的形式，使工期、成本、资源等方面通过计算和调整达到优化配置，符合项目目标的要求。

(2) 使各工序有序地进行，使工期、成本、资源等通过优化调整达到既定目标，在此基础上编制相应的人力和时间安排计划、资源需求计划和施工准备计划。

4. 施工平面图

施工平面图是施工方案及施工进度计划在空间上的规划安排。它把投入的各种资源、材料、构件、机械、道路、水电供应网络、生产、生活活动场地及各种临时工程设施合理地布置在施工现场，使整个现场能有组织地文明施工。

5. 主要技术经济指标等基本内容

技术经济指标用于衡量组织施工的水平，它是对施工组织设计文件的技术经济效益的全面评价。

6.2 施工方案的编制和实施

施工方案是指导各专业工程施工具体作业的文件和依据，是专业施工安全、质量、进度和成本控制的重要保证，是依据施工组织设计要求，是施工组织设计的细化和完善。施工方案的编制质量应符合正确性、针对性、操作性、适用性和全面性的要求。施工技术方案以专业工程为对象进行编制，制定专业工程施工工艺，部署专业工程资源、工期，明确健康、安全、环境管理体系(HSE)和质量等要求，直接指导专业工程施工，保证专业工程施工质量和安全生产，配置专业工程资源，保证专业工程工期。

一、施工方案的编制依据

施工方案的编制依据主要如下。

(1) 已批准的施工图和设计变更，设备出厂技术文件。

(2) 已批准的施工组织总设计和专业施工组织设计。

(3) 合同规定采用的标准、规范、规程等。

(4) 类似工程的经验和专题总结。

二、施工方案的编制内容

施工方案的编制内容如下。

(1) 工程概况及施工特点。它包括：主要工程量、施工对象的名称、特点、难度和复杂程序；施工的条件和作业环境；需解决的技术和要点。

(2) 确定施工程序和顺序。经过技术经济比较分析，确定施工方法和各专业施工顺序及施工起点流向。

(3) 明确施工方案对各种资源的配置和要求。

(4) 进度计划安排。按确定的施工方法、关键技术的要求、所采取的技术措施以及工期要求和各种资源供应条件，确定其全部施工过程在时间上和空间上的安排。

(5) 工程质量要求。提出保证措施，确定应达到的质量标准和检测控制点、检测器具、方法、预控方案。

(6) 安全技术措施。辨识危险源，提出预控方案，明确文明施工及环保要求。

三、施工方案的编制要求

施工方案的编制要求如下。

(1) 施工方案应针对所要安装的设备和构件，提出明确的施工方法和质量目标，以及施工的安全保障措施。

(2) 施工方案的确定应对多种施工方法认真对比，择优用于实践，进行技术经济比较。

(3) 施工方案应限于可行的范围。

(4) 施工方案的确定应立足于动态变化的施工现场环境，如相关专业的作业以及天气变化带来的影响等。

(5) 施工方案依据的信息以及计算结果常常带有不确定性，要有预案。

四、施工方案的编制程序

施工方案是反复分析论证的结果，一般要经历明确需要—确定目标—分析与综合—评价—优化—提供方案—审核批准几个阶段。

五、施工组织设计的实施

施工组织设计审核审批程序应符合国家法律、法规、标准、规范要求和施工企业技术管理制度。施工组织设计的全部内容应向主要施工人员交底，并对施工组织设计实施的符合性和有效性进行中间检查与调整。

1. 施工组织设计的审核及批准

(1) 各类施工组织设计文件在实施前应严格执行编制、审核、审批程序，没有批准的施工组织设计不得实施。

(2) 施工组织设计编制、审核和审批工作实行分级管理制度，施工单位完成内部编制、审核、审批程序后，报承包单位审核、审批，然后由承包单位项目经理或其授权人签章后向监理报批。

(3) 施工组织总设计、专项施工组织设计的编制，应坚持“谁负责项目的实施，谁组织编制”的原则。对于规模大、工艺复杂的工程，群体工程或分期出图的工程，可分阶段编制和报批。

2. 施工组织设计交底

工程开工前，施工组织设计的编制人员应向施工人员作施工组织设计交底，以做好施工准备工作。施工组织设计交底的内容包括工程特点、工程难点、主要施工工艺及施工方法、进度安排、组织机构设置与分工及质量、安全技术措施等。

3. 施工方案交底

工程施工前，施工方案的编制人员应向施工作业人员作施工方案的技术交底。除分项、专项工程的施工方案需进行技术交底外，新产品、新材料、新技术、新工艺即“四新”项目，以及特殊环境、特种作业等也必须向施工作业人员交底。交底内容为该工程的施工程序和顺序、施工工艺、操作方法、操作要领、质量控制、安全措施等。

4. 施工方案优化

对施工方案进行技术经济评价是选择最优施工方案的重要环节之一。根据条件不同，可以对多个施工方案进行技术经济分析，选出工期短、质量好、材料省、劳动力安排合理、工程成本低的方案。

1）施工方案的技术经济分析方法

分析的原则：要有两个以上的方案，每个方案都要可行，方案要具有可比性，方案要具有客观性。

2）综合评价法

施工方案经济评价的常用方法是综合评价法。综合评价法公式为

$$E_j = \sum_{j=1}^{n} (A \times B)$$

式中：E_j——评价值；

j——评价要素，$j=1,2,\cdots,n$；

A——方案满足程度（%）；

B——权值（%）。

用上述公式计算出的最大方案评价值 E_{jmax} 就是被选择的方案。

3）主要施工方案

常见经济分析的主要施工方案：特大、重、高或精密、高价值设备的运输和吊装方案；大型特厚、大焊接量及重要部位或有特别要求的焊接施工方案；工程量大、多交叉工程的施工组织方案；特殊作业方案；现场预制和工厂预制的方案；综合系统试验及无损检测方案；传统作业技术和采用新技术、新工艺的方案；关键过程技术方案等。

4）施工方案的比较

(1) 技术的先进性比较如下。

① 比较各方案的技术水平，如国家、行业、省市级水平等。

② 比较各方案的技术创新程度，如突破、填补空白、达到领先等。

③ 比较各方案的技术效率，如：吊装技术中的起吊吨位、每吊时间间隔、吊装直径范围、

起吊高度等;焊接技术中适应的母材、焊接速度、熔敷效率、焊接位置等;无损检测技术中的单片、多片射线探伤等;测量技术中平面、空间、自动记录、绘图等。

④ 比较各方案的创新技术点数,如该点数占本方案总技术点数的比率。

⑤ 比较各方案实施的安全性,如可靠性、事故率等。

(2) 经济合理性比较:比较各方案的一次性投资总额;比较各方案的资金时间价值;比较各方案对环境影响的损失;比较各方案总产值中剔除劳动力与资金对产值增长的贡献;比较各方案对工程进度时间及其费用影响的大小;比较各方案综合性价比。

(3) 重要性比较:推广应用的价值比较,如社会(行业)进步;社会效益的比较,如资源节约、污染降低等。

6.3 施工总平面图设计

为了保证机电安装工程施工现场各专业工种在合理的空间进行工作,应根据现场的具体情况进行施工总平面图的设计,合理配置和管理各种施工资源,保证施工过程顺利进行。

一、施工总平面图设计应考虑的因素

施工总平面图设计应考虑的因素如下。

(1) 施工区域划分。

(2) 竖向布置。

(3) 交通运输。

(4) 施工管线的平面布置。

(5) 起重机械的布置。

(6) 施工总平面管理。

二、施工总平面图设计的原则

施工总平面图设计的原则如下。

(1) 利用永久性设施和原有设施,尽量减少临时建设设施。

(2) 科学地划分施工区域,尽量减少各工种之间相互干扰和交叉,保持施工均衡、连续、有序。

(3) 合理布置各种仓储、预制场位置,减少场内二次运输。

(4) 生产临时设施与生活设施分开布置。

(5) 临时设施的布置应符合节能、环保、安全和消防等要求,尽量减少对周围已有设施的影响。

三、施工总平面图设计的内容

施工总平面图设计的内容如下。

(1) 已建和待建工程平面布置的坐标标高。

(2) 永久厂区边界和永久购地边界。

(3) 施工临时围墙位置及征租地边界。

(4) 施工场地的划分。

(5) 移动式起重机的行走路线。

(6) 垂直运输设施的位置。

(7) 设备库区、材料库区、设备组装加工及堆放场地及机械机具库区。

(8) 施工和生活用临时设施,供电变电站及供电线路、供水升压站及供水管线、供热锅炉房及供热管线、消防设施、办公室、道路等。

(9) 施工期间厂区和施工区的竖向布置及防洪排涝设施位置标高。

(10) 厂区测量控制网基点的位置坐标。

(11) 必要的图例比例尺,带有坐标的方格网方向。

(12) 技术经济指标。

四、施工总平面图设计的步骤

施工总平面图设计的步骤如下。

(1) 确定项目主要设备的运输路线,确定大型吊车的站位及行走线路。

(2) 确定临时性房屋位置、仓库与材料堆场的位置,确定预制厂及各类作业场所位置。

(3) 确定主要道路和次要道路,保证运输畅通和安全并节约投资。

(4) 确定临时水、电管网及动力设施的布置,确定安全消防设施的布置。

(5) 调整及优化后,绘制正式的施工总平面图。

【例 6-1】

1. 背景

某大型钢铁企业为增加高附加值品种,提高产品档次,拟投资建设一座轧钢生产线。某冶建企业通过投标承揽了该工程,并建立了工程项目管理机构,对工程实施全过程管理。该企业对工程实施管理的基本程序为:

(1) 编制项目管理规划大纲;

(2) 编制投标书并进行投标;

(3) 签订施工合同;

(4) 编制项目管理实施规划;

(5) 确定项目经理及项目经理部主要领导人员;

(6) 项目经理接受企业法人的委托组建项目经理部;

(7) 项目经理部着手项目开工前的施工准备;

(8) 施工阶段,由项目经理部进行现场管理,保证规划目标的实现;

(9) 竣工验收阶段,项目经理部整理工程资料并进行工程结算等工作。

2. 问题

(1) 上述施工项目管理基本程序中有哪些不妥?请说明。

(2) 编制项目管理规划大纲的主要依据有哪些?

(3) 项目管理规划大纲与项目管理实施规划有哪些异同点?

3. 分析与答案

(1) 施工项目管理的基本程序如下。

① 编制项目管理规划大纲;

② 编制投标书并进行投标;

③ 签订施工合同;

④ 确定项目经理及项目经理部主要领导人员;

⑤ 项目经理接受企业法人的委托组建项目经理部;

⑥ 编制项目管理实施规划;

⑦ 项目经理部着手项目开工前的施工准备;

⑧ 施工阶段,由项目经理部进行现场管理,保证规划目标的实现;

⑨ 竣工验收阶段,项目经理部整理工程资料并进行工程结算等工作。

本案例背景中给出的程序中(4)放到(6),原(5)、(6)变为(4)、(5),即在确定项目经理及项目管理部主要领导人员、项目经理接受企业法人的委托组建项目经理部后由项目经理部编制项目管理实施规划。这是由于项目管理实施规划是在对施工合同、施工条件、项目管理目标责任书进行认真分析后由项目经理部负责编写,是项目经理部用于指导现场管理工作的纲领性文件,应在项目经理部组建完后、开工前进行编写。

(2)编制项目管理规划大纲的主要依据有:来自发包方面的信息,如招标文件及对招标文件的解释和发包人提供的各种信息资料等;来自市场方面的信息,如原材料的价格、供应情况等;来自企业决策人的意见。具体如下:

① 招标文件及发包人对招标文件的解释;

② 企业管理层对招标文件的分析、研究的结果;

③ 工程现场技术经济调查情况;

④ 发包人提供的信息和资料;

⑤ 市场信息;

⑥ 企业法人代表人的投标决策意见。

(3) 项目管理规划可分为项目管理规划大纲和项目管理实施规划,它们都是项目管理工作的纲领性文件。不同点主要体现在下面几个方面。

① 编制的时间段不同。项目管理规划大纲是在投标前由投标企业编写,而项目管理实施规划是在中标并签订施工合同后由项目经理部编写。

② 编写依据不同。项目管理规划大纲是在投标前编写,编写依据见分析(2);项目管理实施规划是在项目管理规划大纲的基础上进行编制,其依据是项目管理规划大纲、项目管理目标责任书、施工合同、工程现场调查、本企业情况等有关资料。

③ 在项目管理中的作用不同。项目管理规划大纲主要是为满足编制投标书和签订施工合同的需要编写,是施工企业是否中标的关键文件之一。项目管理实施规划是为满足施工项目准备实施的需要而编写,突出了施工项目管理目标的控制,主要用于指导项目的实施管理。

④ 规划目标不同。项目管理规划大纲的目标包括项目管理目标、项目质量目标、项目

工期目标、项目安全目标、项目成本目标、项目文明施工及环境保护目标、项目条件及其他内容。项目管理实施规划目标包括施工部署、技术组织实施、施工进度计划、施工准备工作计划、资源供应计划等其他内容。

【例 6-2】

1. 背景

某地区一座工厂建设项目经审批立项，业主委托某设计单位进行厂区建设方案的设计。为选择最合理、最经济的设计方案，需要对设计方案进行优化。该工程项目是大型工业项目，由许多车间组成，工厂规模大，施工现场面积大。为保证施工顺利进行，保证现场施工有条不紊，需绘制施工总平面图。

2. 问题

(1) 该工程的设计方案优化的对象是什么?

(2) 设计方案的优化主要包括哪些内容?

(3) 如何对厂区的总图布置进行设计优化?

(4) 根据项目的规模可把施工平面图分为哪几种?

(5) 施工总平面图包括哪些内容?

3. 分析与答案

(1) 工厂建设项目属于工业项目，工业设计以工艺设计为主体。本案例所指工程的设计方案优化工作的对象应以工艺装置为核心，涉及工艺流程、设备选型、自动控制水平、热力综合平衡、总图运输、厂房建筑结构等方案的优化与投资水平的优化。

(2) 设计方案的优化主要包括以下内容：

① 工艺流程的优化；

② 设计的优化；

③ 总图布置及运输的优化；

④ 工业装置生产过程控制自动化的优选；

⑤ 设备布置及建筑结构的优化；

⑥ 技术经济指标。

(3) 总图布置的设计优化是以工艺装置为核心。首先在布局上使工艺流程顺畅，原料、产品的运输路线合理，公用工程水、电、气等的供应靠近负荷中心，管线、栈桥路线最短，电缆无反馈，栈桥可避免设置转运站。在布局上注意将有废气、粉尘污染的厂房置于下风向。

总图布置设计要提高建筑系数、利用系数，少占良田。对建筑物的布置要考虑朝向及自然通风，以及地基的地质情况，重要设备及厂房在不影响工艺路线合理的前提下尽量避开地质不良地段。

(4) 根据项目的规模可把施工平面图分为施工总平面图和单位工程施工平面图两类。其中施工总平面图主要在编制施工组织总设计时绘制，单位工程施工平面图主要在编制单位工程施工组织设计时绘制。

(5) 施工总平面图应包括以下内容：

① 一切地上和地下已有的和拟建的建筑物、构筑物以及其他的位置和尺寸；

② 施工用地范围，取土、弃土的位置，永久性和半永久性坐标位置；

③ 一切为全工地服务的临时设施的布置；

④ 水源、电源位置，临时给水排水系统和供电线路及供电动力设施。

【例 6-3】

1. 背景

某石油化工装置进行工程招标，某一施工单位根据招标方提供的实物量清单进行投标，并中标。签订工程合同后，由于工程急于开工，该施工单位在未收到施工图纸的情况下，即进行了施工组织设计的编制，施工单位在原投标书的基础上，只是进行了格式和内容的简单调整，即作为该项工程的施工组织设计。在投标书中，该施工单位承诺：安装工程优良率达到 92%以上，焊接一次合格率达到 95%以上，工程竣工时间比招标文件中的要求时间提前 1 个月。该施工单位在编制施工组织设计时，将以上内容改为：建设安装工程优良率达到 90%以上，焊接一次合格率达到 93%以上，工程竣工时间比招标文件中的要求时间提前 40 天。

2. 问题

（1）该施工单位未收到施工图纸就编制施工组织设计是否正确？为什么？

（2）施工组织设计的主要编制依据有哪些？

（3）简述施工组织设计包含的主要内容。

（4）施工单位更改工程建设的目标指标的做法是否妥当？为什么？

3. 分析与答案

（1）这种做法不正确。因为施工图纸是施工组织设计的重要编制依据之一，所以该施工单位应在收到施工图纸后，进行施工组织设计的编制工作。

（2）施工组织设计的主要编制依据包括：

① 招、投标文件，工程合同；

② 施工图纸；

③ 与工程建设相关的法律法规，工程适用的标准规范；

④ 施工单位的企业标准及资源状况；

⑤ 工程现场的实际情况及当地的气候环境等。

（3）施工组织设计包含的主要内容有：

① 工程概况；

② 工程建设目标指标；

③ 施工部署及进度控制计划；

④ 资源需用计划；

⑤ 主要施工方法；

⑥ 施工组织及保证措施，包括材料保证措施、技术保证措施、质量目标及保证措施、现场文明施工措施、HSE 目标及保证措施；

⑦ 施工暂设规划；

⑧ 施工总平面布置等内容。

（4）此问题答案分为两个部分。

① 将安装工程优良率和焊接一次合格率降低的做法是不正确的。因为在投标文件中，以上目标指标是投标方对招标方的重要承诺，具有法律约束力，投标方（即施工承包单位）是不能擅自违背的。

② 将工期改为提前 40 天的做法是可以的。施工单位将工期适当提前作为自控目标，便于施工单位进行弹性控制，以保证达到预定的工期目标。

【例 6-4】

1. 背景

某在建石油化工装置，某施工单位负责装置的管道安装工程、设备安装工程的施工，成立了相应的工程项目部。由于中标时间距工程的开工时间很短，所以该施工单位在工程开工 1 个月后，才完成施工组织设计的编制工作。施工过程中，建设单位对该施工单位的施工质量很满意，将装置内的保温工程、防火工程也交由该施工单位进行施工，签订了施工合同。该施工单位认为自己已经编制了施工组织设计，且保温工程、防火工程只是附属工程，所以不需要再编制施工组织设计。后来在建设单位的要求下，该施工单位的工程项目部编制了增加工程的施工组织设计，由项目总工程师审批后下发执行。

2. 问题

(1) 施工单位在工程开工 1 个月后才编制施工组织设计的做法是否正确？为什么？

(2) 施工单位在承担保温工程、防火工程的施工后，是否还有必要编制施工组织设计？为什么？

(3) 新增加保温工程、防火工程后，该施工单位对原有施工组织设计是进行全面修改，还是进行补充？理由是什么？

(4) 增加工程的施工组织设计的审批程序是否正确？应该怎样做？

3. 分析与答案

(1) 这种做法不正确。因为施工组织设计作为对工程实施的前期策划性文件，对工程实施的全过程具有指导作用，包括工程的准备阶段、开工阶段，所以应在工程开工前完成施工组织设计的编制。

(2) 有必要编制施工组织设计。因为新增加工程不是简单的工程量的增加，而是增加了不同专业工程，在原施工组织设计中并没有包含这部分内容，根据有关要求，需要补充编制施工组织设计，对新增加的工程进行统筹策划和安排。

(3) 因为新增加的工程量对原有工程的施工组织没有必然的影响，所以对原施工组织设计进行补充较为合理；对于原施工组织设计内容产生影响的方面，应该补充施工组织设计。

【例 6-5】

1. 背景

某新建坑口电厂一期安装工程，装机容量为 2×50 MW 的汽轮发电机组，汽轮机采用直接空冷方式，锅炉为循环流化床，锅炉烟气采用电除尘和干式除尘系统进行处理，所有排放废水经过废水车间处理再循环使用。工程由 A 施工单位总承包，其中 2×50 MW 汽轮发电机组的所有主辅机设备分包给 B 施工单位安装。

合同签订后初步设计尚未审批，但建设单位要求A施工单位编制该工程的施工组织总设计。

锅炉主吊机械为DBQ1500塔吊，汽机间的设备用60 t行车吊装安装质量要求高，焊接要进行工艺评定。承包单位建立了安全管理体系，根据分析现场的危险源，制定相应安全措施。各专业制定了施工方案。

2. 问题

(1) 建设单位要求A施工单位编制施工组织设计的时间是否妥当？编制施工组织设计的依据是什么？

(2) B施工单位应编制什么类型的施工组织设计？应编制哪些施工方案？

(3) 施工总平面布置应考虑哪些方面？

3. 分析与答案

(1) 根据施工组织设计编制的六点依据回答，建设单位要求A施工单位编制施工组织设计的时间不妥。因为初步设计尚未审批。

(2) B施工单位应编制单位工程施工组织设计，同时应编制锅炉汽轮发电机组大型设备吊装方案和焊接方案。

(3) 按施工总平面图考虑的六个方面回答。

【例6-6】

1. 背景

西南炼钢厂3号板坯连铸机安装，为一机双流弧形板坯连铸机，年产量2 500 000 t，板坯宽不小于2.2 m，该板坯连铸机包括钢包回转台、中间罐车、连铸设备。设备安装前按照设备说明、设计图纸、工程施工技术及验收规范和现场情况，施工单位编制了“西南炼钢厂3号板坯连铸机安装施工方案”。该方案要点如下。

(1) 板坯连铸机是由钢包回转台、中间罐车、连铸机三个独立的设备组成，可同时展开施工作业以保证施工进度要求。

(2) 明确了施工准备的具体工作，包括制作台吊、安装钢包回转台使用的扁担。

(3) 加固钢梁是基础框架法兰及钢包回转台的安装基础，其安装精度直接影响到地脚螺栓及钢包回转台的安装质量。方案延伸到土建施工，考虑了埋件位置、混凝土支模脚手架强度，钢梁和钢筋相互连接的处理方法，如连接长度、焊接变形的对策等。

(4) 制定了每个设备的安装工艺流程、施工要求和施工工艺。

(5) 明确了各道安装工序的质量标准。如钢包回转台下部法兰安装精度为位置偏差±1.0 mm，标高偏差±1.0 mm，水平度0.1/1000。

(6) 施工安装选用的主吊机械为厂房内的2台天车。明确了设备的吊装方案并进行了多方案比较，如连铸机扇形段基础框架吊装考虑了使用机械手安装和使用卷扬机安装的两种方案。经过综合评价后确定了使用卷扬机安装的方案，解决了在连铸机平台下部无法利用天车配合安装的问题，也利于工期的保证。

(7) 分析了整个安装过程的危险源，制定了相应的安全对策。

2. 问题

(1) 简述施工方案应包括哪些内容？

（2）施工单位编制的施工方案要点是否符合要求？简要说明理由。

（3）施工方案的选用一般要经历哪几个阶段？

3. 分析与答案

（1）施工方案的内容是：工程概况及施工特点；确定施工程序和顺序；明确施工方案对各种资源的配置和要求；进度计划安排；工程质量要求；安全技术措施等方面。

（2）施工单位编制的施工方案要点符合施工方案编写依据和内容的要求。因为施工单位编制和施工方案满足施工综合进度依据的要求；满足进度计划安排和控制内容的要求；满足施工方法和安全技术措施内容的要求；满足施工方法和工艺流程，以及工程质量内容的要求；满足施工机械的选用、施工方法内容的要求；满足安全技术措施内容的要求。

（3）根据施工方案编写程序的要求，其必须经过明确需求→确定目标→分析与综合→评价→优化→提供方案→审核批准七个阶段。

在施工方案的编写程序中要坚持领导、工程技术人员、工人的三结合，充分发挥企业的集体智慧，提高施工方案编写质量。

第7章 机电安装工程项目资源管理

机电工程项目资源管理是指投入到项目中的人、财、物、技术的管理。尤其是对特种作业人员和特种设备作业人员的管理，对机电工程项目工程设备、主要材料和大型机具的管理，以及对机电工程项目资金的合理使用。机电安装工程项目资源管理的目的是使资源优化配置和优化组合，在过程中合理流动和寻求动态平衡，在运用中得到合理使用，最终实现各项资源的节约。

7.1 人力资源管理

在机电安装工程施工作业中，有两类特殊作业人员，即特种作业人员和特种设备作业人员。这些人员都要按规定进行专业技术培训，并通过基础理论和实际操作考试合格后，取得相应操作证书。

为满足各类工程的需求，必须加强对特殊作业人员的培训、考核、上岗和档案的管理，以保持其符合性和有效性。

一、特种作业人员

特种作业是指容易发生人员伤亡事故，对操作者本人、他人及周围设施的安全可能造成重大危害的作业。直接从事特种作业的人员称为特种作业人员。国家安全生产监督机构规定的特种作业人员中，机电安装企业有焊接、起重工、电工、场内运输工(叉车工)、架子工等。

对特种作业人员资质管理的要求：特种作业人员必须持证上岗；特种作业操作证，每 2 年复审 1 次；连续从事本工种 10 年以上的，经用人单位进行知识更新教育后，复审时间可延长至每 4 年 1 次；离开特种作业岗位达 6 个月以上的特种作业人员，应该重新进行实际操作考核，经确认合格后方可上岗作业。

二、特种设备作业人员

国家质量监督检验检疫总局颁发的《特种设备作业人员监督管理办法》规定，锅炉、压力容器(含气瓶)、压力管道、电梯、起重机械、客运索道、大型游乐设施、场(厂)内机电车辆等特种设备的作业人员及其相关管理人员统称特种设备作业人员。在机电安装企业中，特种设备作业人员主要指的是从事上述特种设备制造和安装的生产人员，如焊工、探伤工、司炉工、水处理工等。

对从事锅炉、压力容器与压力管道焊接工作的焊工的资质管理要求：锅炉、压力容器与压力管道的焊接工作，应由持有相应类别和项目的锅炉压力容器压力管道焊工合格证书的焊工担任；焊工合格证(含合格项目)有效期为 3 年；持有锅炉压力容器压力管道焊工合格证书的焊工，中断设备焊接作业 6 个月以上的，再从事设备焊接工作时，必须重新考试。

7.2 设备管理

工程设备是指业主(建设单位)所有、为满足合同要求提供的、在施工单位项目部控制下组成工程实体的各种设备，工程竣工验收后，施工单位应向业主办理移交手续。

一、工程设备管理的一般要求

建立项目设备控制程序和现场管理制度；配备设备管理人员，明确职责，对设备进行管理和控制；完善信息反馈和记录见证手续，若发生设备、配件丢失、损失或发现不适用的情况时，应向建设单位报告，并保持记录。

二、进场验收

施工单位项目部应对进场的工程设备进行检验，做到适量合格，资料齐全、准确，并作出完整、齐全的记录。

三、存储管理

实现对库房的专人管理；选择合适的存放场地和库房，合理存放，确保储存安全；执行设备及其零部件、专用工具的入库和领发手续；妥协保管，不得使其变形、损坏、锈蚀、错乱或丢失，必要时定期进行设备的维护。

四、安装调试

设备吊装、运输、就位过程中，要做好防护，避免发生机械损伤；调试过程中，应严格按产品说明书或有关规范、设计、施工方案要求进行操作，避免损坏设备；安装调试完的设备应尽量进行区域封锁，有条件的可交由建设单位保管。

7.3　材料管理

常用材料的管理是指材料的采购、验收、保管、标识、发放、回收管理及不合格材料的处置等。

一、采购

机电安装工程所需的主要材料和大宗材料应由企业物资管理部门制定采购计划，审定供应人，建立合格供应人目录，对供应方进行考核，签订供货合同，确保供应工作量和材料质量。

二、验收

进场的材料应进行数量验收和质量确认，做好相应的验收记录和标识。进场的材料应有生产厂家的材质证明（包括厂名、品种、规格、出厂日期、出厂编号、检验试验数据等内容）和出厂合格证。要求复验的材料应有取样送检证明报告。

三、储存和保管

（1）应按型号、品种分区堆放，合理码垛，并进行编号、标识。

(2) 采取合理的保证质量手段和防护措施，降低材料的损失。如易燃易爆的材料应专门存放，专人保管，并有严格的防火、防爆措施。

(3) 易损坏的材料应保护好外包装，防止损坏。

(4) 易锈蚀的材料应采取必要的防潮措施。

(5) 材料的账、卡及其质量标识，保证文件齐全、与文件相符。

四、标识

对质量标识不清或失去标识的材料，在查明其材质后，应重新做出标识。

五、发放

材料的使用单位应预先报送材料需用计划，领用前办理相应的审批手续，严格执行限额领料制度。

六、回收及不合格材料处理

对于库外材料、余料、设施用料应按材料管理程序办理回收手续；对验收不合格的材料应更换、退货、让步接收或降级使用，并做好明显标记，单独存放。

7.4 大型机具管理

一、施工机具的分类

机电安装工程项目大型机具种类较多，主要施工机具有：动力与电气装置；起重吊装机械；水平、垂直运输机械；钣金、管工机械；铆焊机械；防腐、保温、砌筑机械。

二、施工机具的选择原则

施工机具的选择主要按类型、主要性能参数、操作性能来进行，其选择原则如下。

(1) 施工机具的类型，应能满足施工部署中的机械设备供应计划和施工方案的需要。

(2) 施工机具的主要性能参数，要能满足工程需要和保证质量要求。

(3) 施工机具的操作性能，要适合工程的具体特点和使用场所的环境条件。

三、施工机具的管理

施工机具的管理是保证工程项目进度、成本、质量、安全的重要环节，其管理要求如下。

(1) 施工机具的使用应贯彻“人机固定”原则，实行定机、定人、定岗位责任的“三定”

制度。

(2) 施工机械操作人员必须持证上岗;严格按操作规程作业;做好设备日常维护;认真做好机械设备运行记录;保证机械设备安全运行。

(3) 施工机具的调度应依据工程进度和工作需要制定同步的进出场计划。

(4) 坚持机具进退场验收制度,以确保机具处于完好状态。

(5) 需在现场组装的大型机具,使用前要组织验收,以验证组装质量和安全性能,合格后方可启用。

7.5 资金管理

一、资金管理的一般要求

项目部资金管理的主要环节有资金收入预测、资金支出预测、资金收支对比、资金筹措和资金使用管理。其主要要求如下。

(1) 项目部应对项目资金的收入和支出进行分析和预测,编制资金收支预测表,以便合理地筹措和使用资金。

(2) 根据项目资金收入与支出预测,编制项目流动资金计划,按规定程序审批后实施。

(3) 项目部应按用款计划控制资金使用,坚持"以收定支、节约支出、降低成本"的原则。

(4) 资金筹措的原则:充分利用自有资金;必须经过资金收支对比,按差额筹措资金;尽量利用低利率贷款。

二、资金使用控制

(1) 应尽量节约支出。对人工费、材料费、施工机械使用费、临时设施和现场管理费等项目支出进行严格控制,保证支出的合理性。

(2) 加强财务核算。设立项目专用账号,统一对外收支和结算。

(3) 坚持做好项目的定期资金分析,进行计划支出与实际支出的对比分析,改进资金管理。

第8章 机电安装工程项目进度控制

机电安装工程项目施工进度控制是保证施工项目按期完成、合理安排资源供应、节约工程成本的重要措施。本章结合机电安装工程项目管理特点，介绍机电安装工程项目的施工进度计划编制、施工进度计划实施和施工进度偏差分析。机电安装工程项目施工进度控制目标有总目标和阶段性目标两种，总目标是为实现合同约定的工期，阶段性目标是总目标按时间为坐标分解的分目标，两者方向一致，要通过对施工进度计划的编制、实施、检查和调整四个环节进行闭环的循环控制，以确保目标的实现。

8.1 进度管理概述

工程项目能否在预定的时间内交付使用，直接关系到项目效益的发挥。因此，通过对工程项目进度的有效控制，以达到预期的目标，是工程项目管理的中心任务，也是工程项目管理的三大目标之一。

一、进度管理过程

工程项目进度管理包括为确保项目按期完成所必需的所有工作过程，包括工作定义、工作顺序安排、工作时间估计、进度计划制定和进度控制，如图 8-1 所示。

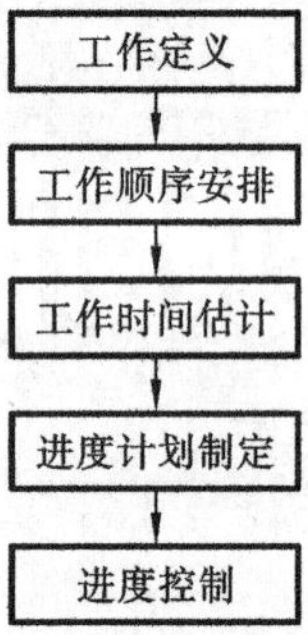

图 8-1 项目进度管理过程

1. 工作定义

工作定义就是找出为完成各项可交付成果而必须进行的具体工作。

2. 工作顺序安排

工作顺序安排也称为排序，就是找出工作之间的逻辑关系，并形成文件(图、表、文字资料等)。工作顺序安排可以利用计算机进行(如项目管理软件)，也可以手工来做。

3. 工作时间估计

工作时间估计就是对完成各项工作所需要的时间进行估算。

4. 进度计划制定

进度计划制定就是在分析工作顺序、工作时间和资源要求的基础上，制定出项目进度的计划安排。

5. 进度控制

进度控制就是通过各种纠偏措施，控制进度计划的变化，保证进度计划目标的实现。

二、各项工作之间的逻辑关系

工作之间的先后顺序关系称为逻辑关系，包括工艺关系和组织关系。

1. 工艺关系

生产性工作之间由工艺过程决定的先后顺序关系和非生产性工作之间由工作程序决定的先后顺序关系称为工艺关系。如图 8-2 所示，挖槽 1→铺垫层 1→地基 1→回填 1→回填 2

为工艺关系。工艺关系也称为硬逻辑关系。

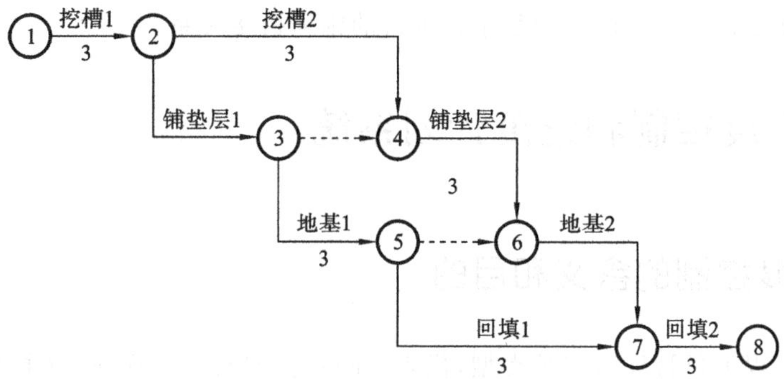

图 8-2　逻辑关系

2. 组织关系

工作之间由于组织安排需要或资源(人力、材料、机械设备和资金)调配需要而规定的先后顺序关系称为组织关系。如图 8-2 所示,挖槽 1→挖槽 2、铺垫层 1→铺垫层 2 等为组织关系。组织关系也称为软逻辑关系。软逻辑关系是可以由项目管理班子确定的。

3. 逻辑关系的表达形式

逻辑关系的表达分为平行、顺序和搭接三种形式,如图 8-3 所示。

(a) 平行关系

(b) 顺序关系

(c) 搭接关系

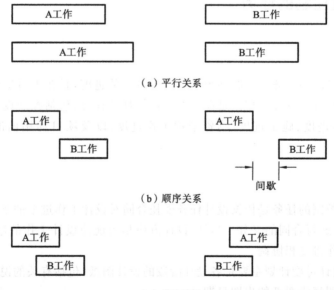

图 8-3　逻辑关系的表达形式

相邻两项工作同时开始即为平行关系。相邻两项工作先后进行即为顺序关系。如前一工作结束,后一工作马上开始则为紧连顺序关系。如后一工作在前一工作结束后隔一段时间才开始则为间隔顺序关系。在顺序关系中,当一项工作只有在另一项完成以后方能开始,并且中间不插入其他工作,则称另一项工作为该工作的紧前工作;反之,当一项工作只有在它完成以后，另一项工作才能开始，并且中间不能插入其他工作，则称另一工作为该工作的紧后工作。两项工作只有一段时间是平行进行的则为搭接关系。

8.2 进度控制和进度计划系统

一、进度控制的含义和目的

机电安装工程项目管理有多种类型，代表不同利益方的项目管理（业主方和项目参与各方）都有进度控制的任务，但是，其控制的目标和时间范畴是不相同的。

工程项目是在动态条件下实施的，因此进度控制也就必须是一个动态的管理过程，它包括进度目标的分析和论证，在收集资料和调查研究的基础上编制进度计划和进度计划的跟踪检查与调整。

如只重视进度计划的编制，而不重视进度计划必要的调整，则进度无法得到控制。为了实现进度目标，进度控制的过程也就是随着项目的进展，进度计划不断调整的过程。

进度控制的目的是通过控制来实现工程的进度目标。在工程施工实践中，必须树立和坚持一个最基本的工程管理原则，即在确保工程质量的前提下，控制工程的进度。

二、进度控制的任务

1. 业主方

业主方进度控制的任务是控制整个项目实施阶段的进度，是在项目决策阶段项目定义时确定的。项目总进度目标的控制是业主方项目管理的任务，包括控制设计准备阶段的工作进度、设计工作进度、施工进度、物资采购工作进度，以及项目动用前准备阶段的工作进度。

2. 设计方

设计方进度控制的任务是依据设计任务委托合同对设计工作进度的要求控制设计工作进度，这是设计方履行合同的义务。另外，设计方应尽可能使设计工作的进度与招标、施工和物资采购等工作进度相协调。

在国际上，设计进度计划主要是各设计阶段的设计图纸（包括有关的说明）的出图计划，在出图计划中标明每张图纸的出图日期。

3. 施工方

施工方进度控制的任务是依据施工任务委托合同对施工进度的要求控制施工进度，这是施工方履行合同的义务，在进度计划编制方面，施工方应视项目的特点和施工进度控制的需要，编制深度不同的控制性、指导性和实施性施工的进度计划，以及按不同计划周期（年、季、月和旬）的施工计划等。

4. 供货方

供货方进度控制的任务是依据供货合同对供货的要求控制供货进度，这是供货方履行合同的义务。供货进度计划应包括供货的所有环节，如采购、加工制造、运输等。

三、进度计划系统的概念

工程项目进度计划系统是由多个相互关联的进度计划组成的系统，它是项目进度控制的依据。由于各种进度计划编制所需要的必要资料是在项目进展过程中逐步形成的，因此项目进度计划系统的建立和完善也有一个过程，它是逐步形成的。

8.3　进度计划的编制和调整方法

用文字、表格、流水作业图、横道图、时标、网络图都能表示施工总进度计划，实践证明图示法表达计划最直观清晰。

一、横道图

横道图是一种最简单、运用最广泛的传统的进度计划表示方法。横道图表达方式较直观，表头为工作简要说明，进度线（横道）与时间坐标相对应，项目进展表示在时间表格上。横道图一般用于小型项目或大型项目的子项目上。

横道图虽然表达直观易懂，但也存在一些问题。例如，没有通过严谨的进度计划时间参数计算，不能确定计划的关键工作、关键线路与时差；计划调整职能用手工方式进行，其工作量较大；难以适应大的进度计划系统。

二、网络图

网络图能反映各计划对象（工作）间的相互制约和内在的逻辑关系；可以进行各种时间参数的计算，便于计划优化；可以反映出工期最长的关键线路，便于突出进度计划的管理重点；能反映非关键线路中的时间储备，可以指导计划实施时合理调度人力、物力，使计划执行平稳均衡，有利于降低施工成本；能应用计算机软件编制和管理计划，可快速得出各类实时数据，便于判断计划执行的偏差数据和计划调整的重点部位。常用的网络图包括：双代号网络图，单代号网络图，双代号时标网络图。

1. 双代号网络图

1）概念

双代号网络图就是利用箭线及两端节点的编号表示工作的网络图。运用双代号网络图编制进度计划的方法也称为箭线工作法。

（1）工作是泛指一项需要消耗人力、物力和时间的具体活动过程。在双代号网络图中，工作用一根箭线和两个圆圈来表示。工作的名称写在箭线的上面，完成工作所需要的时间写在箭线的下面，如图 8-4 所示。虚箭线是实际工作中并不存在的一项虚设工作，既不占用时间，也不消耗资源。

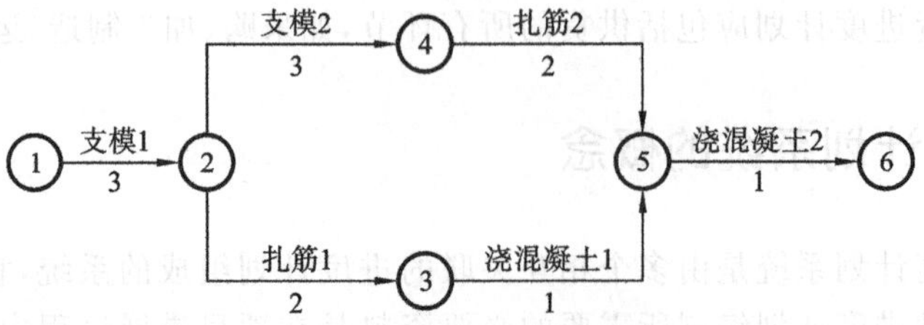

图 8-4　双代号网络图

工作通常可以分为三种：第一种为需要消耗时间和资源的工作，用实箭线（——►）表示；第二种为只消耗时间不消耗其他资源（如混凝土养护）的工作，用点画箭线（-·-·►）表示；第三种为既不消耗时间，也不消耗资源的工作，称为虚工作，用虚箭线（---►）表示。虚工作是人为的虚设工作，只表示相邻前后工作之间的逻辑关系，起着工作之间的联系、区分和断路三个作用。

（2）节点是网络图中箭线之间的连接点。在时间上表示前面工作全部完成和后面的工作开始的瞬间，有起节点、终点节点和中间节点三种类型。它既表示完成一项或几项工作的结果，又表示一项或几项紧后工作的开始。

（3）线路是指从起始节点开始，沿箭头方向顺序通过一系列箭线与节点，最后达到终点节点的通路。有一条或几条线路的总时间最长，称为关键线路，关键线路用粗箭线或双箭线连接。在网络计划中关键线路可能不止一条，而且在网络计划执行过程中，关键线路还会发生转移；其他线路称为非关键线路。

在网络计划的实施过程中，关键工作的实际进度提前或拖后，均会对总工期产生影响。因此，关键工作的实际进度是进度控制中的重点。

2）绘制原则

（1）必须正确表达清楚各项工作的相互制约和相互依赖关系。

（2）网络图应只有一个起始节点和一个终止节点（多目标网络计划除外）。除终止节点和起始节点外，不允许出现没有内向箭线的节点和没有外向箭线的节点。

（3）网络图中不允许出现从一个节点出发顺箭线方向又回到原出发点的循环回路。

（4）网络图中不允许出现重复编号的节点。

（5）网络图中的箭线应保持自左向右的方向，不应出现箭头向左或偏向左方的箭线。

（6）网络图中所有节点都必须编号，并应使箭尾节点的代号小于箭头节点的代号。

3）绘制步骤

（1）根据已知的紧前工作确定出紧后工作。

（2）从左向右确定出各工作的始节点位置号和终节点位置号。

（3）根据节点位置和逻辑关系绘制出初步网络图。

（4）检查逻辑关系有无错误，若与已知条件不符，则可加虚工作予以改正。

4）时间参数的计算

双代号网络图的时间参数有：持续时间，计算工期，要求工期，计划工期，最早开始时间，最早完成时间，最迟完成时间，最迟开始时间，总时差，自由时差。

(1) 最早开始时间(ES)，是指在各紧前工作全部完成后，工作有可能开始的最早时刻。

(2) 最早完成时间(EF)，是指在各紧前工作全部完成后；工作有可能完成的最早时刻。

(3) 最迟开始时间(LS)，是指在不影响整个任务按期完成的前提下，工作必须开始的最迟时刻。

(4) 最迟完成时间(LF)，是指在不影响整个任务按期完成的前提下，工作必须完成的最迟时刻。

(5) 总时差(TF)，是指在不影响总工期的前提下，本工作可以利用的机动时间。

(6) 自由时差(FF)，是指在不影响其紧后工作最早开始的前提下，本作可以利用的机动时间。

双代号网络图最早开始时间参数受到紧前工作的约束，故其计算顺序应从起点节点开始，顺着箭线方向依次逐项计算，遵循"顺向计算，用加法，取大数"的原则；最迟开始时间参数受到紧后工作的约束，故其计算顺序应从终点节点起，逆着箭线方向依次逐项计算，遵循"逆向计算，用减法，取小数"的原则。

2. 单代号网络图

单代号网络图是利用节点代表工作而用表示依赖关系的箭线将节点联系起来的一种网络图。运用单代号网络图编制进度计划的方法也称为节点工作法。

1) 单代号网络图绘图符号

单代号网络图中的节点一般用圆圈或方框来绘制，它表示一项工作。在圆圈或方框内可以写上工作的编号、名称和需要的工作时间。工作之间的逻辑关系用箭线表示。图8-5所示为用单代号绘制的网络图。

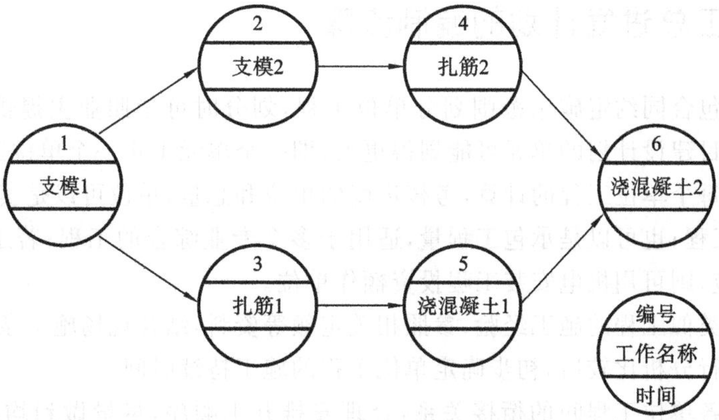

图8-5　单代号网络图

2) 绘制原则

(1) 网络图中有多项起始工作或结束工作时，应在网络图的两端分别设置一项虚拟的工作作为该网络图的起始节点和终止节点。

(2) 其他绘制原则与双代号网络图的绘制原则相同。

3) 关键工作和关键路线

关键工作是总时差最小的工作。关键路线是自始至终全部由关键工作组成的线路或线路上总的工作持续时间最长的线路。

4）时差的运用

总时差指的是在不影响总工期的前提下，本工作可以利用的机动时间。自由时差指的是在不影响其紧后工作最早开始时间的前提下，本工作可以利用的机动时间。

5）进度计划调整的方法

进度计划执行中的管理工作主要有几个方面：检查并掌握实际进展情况；分析产生进度偏差的主要原因；确定相应的纠偏措施或调整方法。

实际进度前锋线是在原时标网络计划上，自上而下从计划检查时刻的时标点出发，用点画线依此将各项工作实际进度达到的前锋点连接而成的折线。通过实际进度前锋线与原进度计划中各工作箭线交点的位置可以判断实际进度与计划进度的偏差。

网络计划调整的方法包括：调整关键线路的方法；非关键工作时差的调整方法；增、减工作项目时的调整方法；调整逻辑关系；调整工作的持续时间；调整资源的投入。

三、施工总进度计划表达形式的选择

机电安装工程的施工总进度计划要按生产工艺流程的顺序进行安排，土建工程的施工总进度计划要符合机电安装工程施工总进度计划安排的需要。至于两者的计划表达形式可依据各自具体情况进行选定。就总体而言，施工总进度计划节点较大，划分得也较粗，相互制约依赖关系和衔接的逻辑关系比较清楚，用横道图计划表示为宜。若工程规模较大、制约因素较多，施工设计图纸供给情况、工程设备、特殊材料和大宗材料采购情况尚未全部清晰，为便于调整计划则用网络计划图表示为妥。

四、施工总进度计划的编制步骤

第一，按承包合同约定施工范围划分单位工程，划分时可参照业主提供的项目建设计划，但要注意项目建设计划的单元可能划得更大，即一个单元不止一个单位工程。

第二，确定每个单位工程的计算，考核进度的单位和总量，单位可以是实物工程量，适用于专业较少的工程；也可以是承包工程量，适用于多个专业综合的工程；若工程设备和材料均为承包方供应，则可用机电安装工程投资额作单位。

第三，依据类似工程的施工经验，参照相关定额等资料，结合现场施工条件，考虑当地气象环境因素，进行分析比较后，初步确定单位工程的施工持续时间。

第四，明确各单位工程间的衔接关系，合理安排开工顺序，尽量做到均衡施工，工程量大、技术难度大、试运行时间长的单位工程先开工，留出一些次要的后备工程作计划的平衡调剂用，以保持计划的弹性和留有余地。

第五，安排施工总进度计划，初步编制计划图表，要注意如与业主的项目建设计划安排有异，应在施工总进度计划编制说明中作出解释。

第六，施工总进度计划由编制人员起草完成后，施工承包方召集有关部门和人员进行内部审核。执行中，项目部对施工进度计划应进行定期或不定期审核，内容如下。

(1) 总进度目标和分解分目标内在联系，能否满足总合同工期。

(2) 计划内容是否全面，有无遗漏。

(3) 施工程序和作业顺序安排是否正确、合理，是否需调整，如何调整。

(4) 各类施工资源计划与进度计划实施时间要求一致，无脱节，能否保持施工均衡。

(5) 分包、各专业之间在施工时间和作业位置的安排上是否合理，有无相互干扰及矛盾。

(6) 计划重点、难点是否突出，对风险合同因素影响是否有防范对策和应急预案。

(7) 能否保证质量、安全需要。

第七，对施工总进度计划审核后进行修正和审议。对审核结果，要认真组织研究解决存在的问题，制定调整方案及相应措施，报请企业有关方面同意后进行必要调整，保证合同有效执行。对单位工程的持续时间、单位工程衔接关系、人力资源使用的平衡程度、物资和资金供应峰谷比的合理性、计划的弹性余地和实现工期总目标的风险所在处等作出评估，并提出意见和建议，使初审后经调整修正的施工总进度计划更合理可行，若经内部多次审议和修正已无异议，则可邀请业主、监理、设计、土建、分包以及其他相关方等参加外部审议。

第八，外部审议目的是使参加者了解施工总进度计划的编制情况、沟通计划执行中要求配合和支持的事项，明确各方衔接的节点及日期，排除计划执行中可能遇到的障碍，取得对计划的认同和理解。外部审议通过后，施工总进度计划定案，成为实施依据。施工总进度计划外部审议要以会议形式，并形成会议纪要。

五、 单位工程进度计划的实施

单位工程进度计划是单位工程施工组织设计的重要内容之一，其编制方法和步骤原则上与施工总进度计划基本一致，只是着眼点不同。单位工程进度计划应表达该工程所有专业的施工内容，由于专业较多，且作业面在专业间有多次交换，因而计划采用网络计划图进行表达较妥；它还是编制该工程月、旬、周、日作业计划的依据，是人力、物资需要量计划编制的依据，也确定了大型施工机械进场的时机，同时对施工安全技术措施计划、质量检验计划的编制起着引导作用。单位工程进度计划表达的内容包括施工准备、全面施工、试运行、交工验收等各个阶段的全部工作。

施工进度计划由编制阶段进入实施阶段，这时工程实体形成、施工项目各项管理活动活跃、各类计划中非预期的问题充分暴露、对施工生产要素的调动频次增多，随着计划进度的推进各项管理资料技术记录同步形成，因此除应抓好进度计划的修订、实施、检查、调整(PDCA)这个动态的循环外，还应做好计划的交底和生产要素的调度工作。

1. 实施前的交底

参加交底的人员应有项目负责人、计划人员、调度人员、作业队组长(包括分包方的)，以及相关的物资供应、安全、质量管理人员。

交底内容：明确进度控制重点(关键线路、关键工作)、交代施工用人力资源和物资供应保障情况、确定各专业对组(含分包方的)分工和衔接关系及时间点、介绍安全技术措施要领和单位工程质量目标。

为保证进度计划顺利实施采取的经济、组织措施亦应作出说明，如订立承包责任书、关键工作多半作业等。

2. 实施中的进度统计

计划人员在进度计划执行中应做好实际进度统计记录,对比检查计划的执行情况,为是否出现偏差、有无必要对计划作出调整和修正提供依据。

在统计实际工程量进度的同时,对人力资源使用工日和物资消耗数量及大型机械使用台班数等尽量作出同步统计,为积累经验和数据、企业定额建立创造条件。

3. 实施中的生产要素调动

生产要素是指实施单位工程进度计划而创建工程实体所需要的各种要素,即人力、材料、工程设备、施工机械、技术和资金等。

调度有正常调度和应急调度两种,正常调度是指进度单位工程的生产要素是按进度计划供应的,调度的作用是按预期方案进行将要素对各专业合理分配。应急调度是指发现进度计划执行发生偏差先兆或已发生偏差,采用对生产要素分配的调整,目的是消除偏差。

进度计划调整后的生产要素调度,由于实际进度与计划进度比较偏差较大,通过应急调度已无法消除进度偏差,需要对进度计划作出调整后再对生产要素重新分配。

六、 作业进度计划的实施

施工作业进度计划是对单位工程进度计划目标分解后的计划,各专业的作业进度计划起止时间要符合单位工程进度计划的安排,若有差异则应在计划编制说明中作出解释。作业进度计划分为月计划、旬(周)计划和日计划三个层次。

1. 实施的准备

作业进度计划是作业队组在施工期内指导作业的依据,因此计划的编制者应向作业者进行计划交底,交底的内容包括计划目标和执行计划的相关条件,以及计划执行中可能遇见的障碍与解决办法,同时可对技术措施、质量要求、安全作业注意事项等作出交代。交底的障碍与解决办法,同时可对技术措施、质量要求、安全作业注意事项等作出交代。交底的形式除口头说明外,对作业队下达计划任务书,对作业班组要签订施工任务书,实行责任制、经济承包。

2. 实施的检查

对计划实施情况进行检查是计划执行的关键环节,可以发现实际进度与计划进度间有无偏差,发生偏差时偏差的程度是多少,是否要采取措施进行纠正。通过检查还可以进一步协调各专业间或工序间的配合衔接关系,协调配合主要表现在工序顺序的先后、作业面的转换交接、作业安全的兼顾程度、大型施工机械的穿插使用、施工现场场地的占用等方面。作业进度的检查应做好记录。

七、 施工进度偏差分析与调整

任何计划都是对实施过程的预期,而实际过程中都会出现干扰和扰动,干扰和扰动会产生计划执行的偏差，所以计划执行中产生偏差是正常现象。偏差大小程度不同，是否调整计划要视偏差大小和影响程度而定，若要调整必须对干扰和扰动（即影响进度计划执行发生偏差的因素）进行分析和判断，并相应作出调整措施，以保持计划向既定目标方向推进。

1. 影响进度计划的因素

如排除决策者或业主的临时干扰，则影响进度的因素分为施工项目内部因素和外部因素两大类。施工项目内部因素有土建工程工期延误、需用资金不能如期到位、施工方法失误造成返工、施工组织管理混乱、处理问题不够及时、各专业分包单位不能如期履行合同、到场的工程设备和材料经检查验收不合格现象严重等。施工项目外部因素有：政府宏观调控、工程设备和材料供应商违约不能如期供货、施工设计不能按计划提供货设计作重大修改、水电气等能源供给单位不能如期接通或供给数量不足导致原定试运转计划延期、意外事件的出现（主要指自然灾害造成对工程的侵害）、业主资金不足（不能如期拨付工程款）影响工程设备和材料的正常采购供应等。

2. 施工进度偏差的分析与调整

排除宏观原因和不可抗力原因引起计划进度偏差的调整外，重点对供应商违约、资金不落实、计划编制失误、施工方法不当、施工图纸提供不及时等引起的进度偏差及时调整。偏差的分析与计划表达形式有关系，用横道图表达的计划只要将计划线的长度与实际进度线长度对比就可一目了然地判断是否有偏差和偏差的数值；用网络图表达的可用S曲线比较法、前锋线比较法和列表法等进行判定。计划调整的方法有压缩或延长工作持续时间、增强或减弱资源供应强度、改变作业组织形式（指搭接作业、依次作业和平行作业等组织方法）、在不违反工艺规律的前提下改变衔接关系、修正施工方案等，采用加快或延缓的方法要依据偏差方向而定，正偏差即进度太快要延缓、负偏差即进度太慢要加快，以保持进度计划的严肃性和科学性。

8.4 进度控制的措施

一、进度控制的组织措施

在项目组织结构中应有专门的工作部门和符合进度控制岗位资格的专人负责进度控制工作。进度控制的主要工作环节包括进度目标的分析和论证、编制进度计划、定期跟踪进度计划的执行情况、采取纠偏措施，以及调整进度计划。这些工作任务和相应的管理职能应在项目管理组织设计的任务分工表和管理职能分工表中标示并落实，还应编制项目进度控制的工作流程。进度控制工作包含了大量的组织和协调工作，应进行有关进度控制会议的组织设计。

二、进度控制的管理措施

机电安装工程项目进度控制的管理措施涉及管理的思想、管理的方法、管理的手段、承发包模式、合同管理和风险管理等。用网络计划的方法编制进度计划有利于实现进度控制的科学化。承发包模式的选择直接关系到项目实施的组织和协调。工程物资的束购模式对进度也有直接的影响。还应注意分析影响项目进度的风险，重视信息技术(包括相应的软件、局域网、互联网以及数据处理设备)在进度控制中的应用。

三、进度控制的经济措施

机电安装工程项目进度控制的经济措施涉及资金需求计划、资金供应的条件和经济激励措施等。在工程预算中应考虑加快工程进度所需要的资金，其中包括为实现进度目标将要采取的经济激励措施所需要的费用。

四、进度控制的技术措施

建设项目进度控制的技术措施涉及对实现进度目标有利的设计技术和施工技术的选用。施工方案在决策选用时，应考虑其对进度的影响。

【例 8-1】

1. 背景

南方电子电气有限公司(建设单位)新建液晶屏(LCD)生产车间，其生产线由建设单位从国外订购，A 施工单位承包安装。A 施工单位进场时，生产车间的土建工程和机电配套工程(B 施工单位承建)已基本完工。A 施工单位按合同工期要求，与建设单位、生产线供应商和 B 施工单位洽谈，编制了 LCD 生产线安装网络计划工作的逻辑关系及工作持续时间表，如表 8-1 所示。

表 8-1 逻辑关系及工作持续时间表

工作内容	工作代号	紧前工作	持续时间/天
进场施工准备	A	—	20
开工后生产线进场	B	—	60
基础检测验收	C	A	10
配电装置及线路安装	D	A	30
LCD 生产线组装固定	E	BC	75
配套设备及电气控制系统安装	F	BC	40
LCD 生产线试车调整	G	DE	30
电气控制系统测试	H	DEF	25
联动调试、试运行、验收	I	GH	15

A 施工单位在设备基础检验时，发现少量基础与安装施工图不符，B 施工单位进行了整改，重新浇捣了混凝土基础，经检验合格，但影响了工期，使基础检验持续时间为 30 天。

LCD 生产线的安装正值夏季，由于台风影响航运，使 LCD 生产线设备到达安装现场比计划晚 7 天。A 施工单位按照建设单位的要求，调整进度计划，仍按合同规定的工期完成。

2. 问题

(1) 按照表 8-1 为 A 施工单位项目部绘出安装进度双代号网络计划图。

(2) 分析影响工期的关键工作是哪几个？总工期需多少天？

(3) 基础检验工作增加到 30 天，是否影响总工期？说明理由。

(4) LCD 生产线设备晚到 7 天，是否影响总工期？说明理由。

(5) 如按合同工期完成，A 施工单位如何进行工期调整。

3. 分析与答案

(1) 先根据提供的逻辑关系，找出各工作的紧后工作，如表 8-2 所示。

表 8-2　各工作的紧后工作

工 作 内 容	工 作 代 号	紧 前 工 作	紧 后 工 作	持续时间/天
进场施工准备	A	—	CD	20
开工后生产线进场	B	—	EF	60
基础检测验收	C	A	EF	10
配电装置及线路安装	D	A	GH	30
LCD 生产线组装固定	E	BC	GH	75
配套设备及电气控制系统安装	F	BC	H	40
LCD 生产线试车调整	G	DE	I	30
电气控制系统测试	H	DEF	I	25
联动调试、试运行、验收	I	GH	—	15

图 8-6 所示为该项目的双代号网络图。

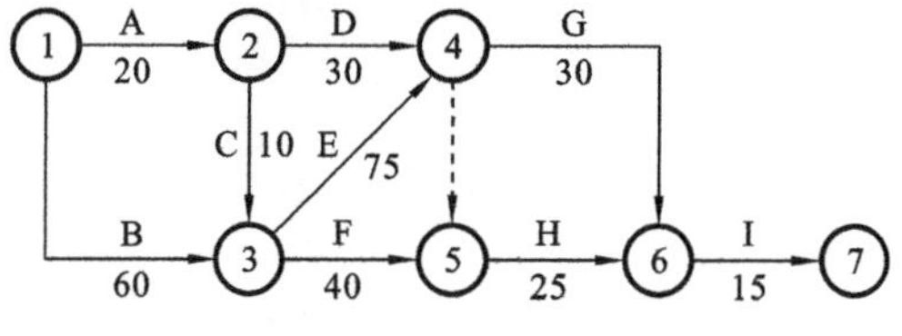

图 8-6　双代号网络图 1

(2) 根据图 8-6 可以计算出总工期为 180 天，关键工作为 B、E、G、I，如图 8-7 所示。

(3) 基础检验工作时 C 工作，增加到 30 天，不会影响总工期，因为 C 工作时非关键工作。

(4) LCD 生产线设备晚到 7 天，会影响总工期，因为此工作为关键线路上的工作。

(5) 如按合同工期完成，A 施工单位必须在 E 工作或 G 工作上压缩工期 7 天。

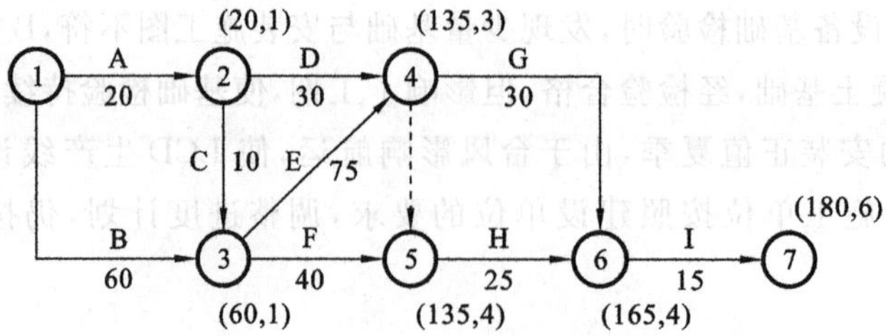
(20,1)
(135,3)
1
A
20
2
D
30
4
G
30
C 10
E
75
(180,6)
B
60
3
F
40
5
H
25
6
I
15
7
(60,1)
(135,4)
(165,4)

图 8-7 双代号网络图 2

第9章 机电安装工程项目费用管理

本章主要介绍机电安装工程项目费用管理中项目费用的编制、费用的控制、费用结算的方法，这些知识点也可以用于工程价款的确定和索赔费用的组成计算。

9.1 费用项目的组成

机电安装工程费用由直接费、间接费、利润和税金组成，如表 9-1 所示。直接费由直接工程费和措施费组成，间接费由规费和企业管理费组成。

表 9-1　机电安装工程费用组成表

<table>
<tr><td rowspan="14">直接费</td><td rowspan="3">直接工程费</td><td colspan="2">人工费</td><td>$\sum$(工日消耗量×日工资单价)</td></tr>
<tr><td colspan="2">材料费</td><td>$\sum$(材料消耗量×材料基数)＋检验试验费</td></tr>
<tr><td colspan="2">施工机械使用费</td><td>$\sum$(施工机械台班消耗量×机械台班单价)</td></tr>
<tr><td rowspan="11">措施费</td><td colspan="2">环境保护费</td><td>直接工程费×环境保护费费率</td></tr>
<tr><td colspan="2">文明施工费</td><td>直接工程费×文明施工费费率</td></tr>
<tr><td colspan="2">安全施工费</td><td>直接工程费×安全施工费费率</td></tr>
<tr><td colspan="2">临时设施费</td><td>(周转使用临时费＋一次性使用临时费)</td></tr>
<tr><td colspan="2">夜间施工费</td><td></td></tr>
<tr><td colspan="2">二次搬运费</td><td>直接工程费×二次搬运费费率</td></tr>
<tr><td colspan="2">大型机械设备进出场及安装费</td><td></td></tr>
<tr><td colspan="2">混凝土和钢筋混凝土模板及支架费</td><td>模板摊销量×模板价格＋支、拆、运费</td></tr>
<tr><td colspan="2">脚手架费</td><td>脚手架摊销量×脚手架价格×搭、拆、运费</td></tr>
<tr><td colspan="2">已完工程及设备保护费</td><td>成品保护所需机械费＋材料费＋人工费</td></tr>
<tr><td colspan="2">施工排水降水费</td><td>$\sum$ 排水降水机械台班费×排水降水周期＋排水降水使用材料费、人工费</td></tr>
<tr><td rowspan="19">间接费</td><td rowspan="7">规费</td><td colspan="2">工程排污费</td><td rowspan="7">计算基数×规费费率</td></tr>
<tr><td colspan="2">工程定额测定费</td></tr>
<tr><td rowspan="3">社会保障费</td><td>养老保险费</td></tr>
<tr><td>医疗保险费</td></tr>
<tr><td>失业保险费</td></tr>
<tr><td colspan="2">住房公积金</td></tr>
<tr><td colspan="2">危险作业以外伤害保险</td></tr>
<tr><td rowspan="12">企业管理费</td><td colspan="2">管理人员工资</td><td rowspan="12">计算基数×企业管理费费率</td></tr>
<tr><td colspan="2">办公费</td></tr>
<tr><td colspan="2">差旅交通费</td></tr>
<tr><td colspan="2">固定资产使用费</td></tr>
<tr><td colspan="2">工具用具使用费</td></tr>
<tr><td colspan="2">劳动保险费</td></tr>
<tr><td colspan="2">工会经费</td></tr>
<tr><td colspan="2">职工教育经费</td></tr>
<tr><td colspan="2">财产保险费</td></tr>
<tr><td colspan="2">财务费</td></tr>
<tr><td colspan="2">税金</td></tr>
<tr><td colspan="2">其他费用</td></tr>
<tr><td colspan="4">利润</td><td>计算基数×利润率</td></tr>
<tr><td colspan="4">税金</td><td>(直接费＋间接费＋利润)×税率</td></tr>
</table>

一、 直接费的组成

直接费包括直接工程费和措施费两类。

1. 直接工程费

1）人工费

人工费是直接从事机电安装工程施工的生产工人开支的各项费用，包括以下内容。

(1) 基本工资，是指发放给生产工人的基本工资。

(2) 工资性补贴，是指按规定标准发放的物价补贴，煤、燃气补贴，交通补贴，住房补贴，流动施工津贴等。

(3) 生产工人辅助工资，是指生产工人年有效施工天数以外非作业天数的工资，包括职工学习、培训期间的工资，调动工作、探亲、休假期间的工资，因气候影响的停工工资，女工哺乳时间的工资，病假在六个月以内的工资及产、婚、丧假期的工资。

(4) 职工福利费，是指按规定标准计提的职工福利费。

(5) 生产工人劳动保护费，是指按规定标准发放的劳动保护用品的购置费及修理费、徒工服装补贴、防暑降温费、在有碍身体健康环境中施工的保健费用等。

2）材料费

材料费是指施工过程中耗用的构成工程实体的原材料、辅助材料、构配件、零件、半成品的费用，包括以下内容。

(1) 材料原价。

(2) 材料运杂费，是指材料自来源地运至工地仓库或指定堆放地点所发生的全部费用。

(3) 运输损耗费，是指材料在运输装卸过程中不可避免的损耗费用。

(4) 采购及保管费，是指为组织采购、供应和保管材料过程中所需要的各项费用，包括采购费、仓储费、工地保管费、仓储损耗。

(5) 检验试验费，是指对机电材料、构件和机电安装物进行一般鉴定、检查所发生的费用，包括自设试验室进行试验所耗用的材料和化学药品等费用。不包括新结构、新材料的试验费和建设单位对具有出厂合格证明的材料进行检验，对构件做破坏性试验及其他特殊要求检验试验的费用。

3）施工机械使用费

施工机械使用费，是指施工机械作业所发生的机械使用费以机械安拆费和场外运费。

2. 措施费

措施费是指为完成工程项目施工，发生于该工程施工前和施工过程中非工程实体项目的费用，一般包括下列项目：环境保护费、文明施工费、安全施工费、临时设施费、夜间施工费、二次搬运费、大型机械设备进出场及安拆费、混凝土和钢筋混凝土模板及支架费、脚手架费、已完工程及设备保护费、施工排水费。

二、间接费的组成

间接费包括规费和企业管理费两类。

1. 规费

规费是指政府和有关权力部门规定必须缴纳的费用，包括以下内容：工程排污费、工程定额测定费、社会保障费、住房公积金、危险作业以外伤害保险。

2. 企业管理费

企业管理费是指机电安装企业组织施工生产和经营管理所需费用，包括以下内容：管理人员工资、办公费、差旅交通费、固定资产使用费、工具用具使用费、劳动保险费、工会经费、职工教育经费、财产保险费、财务费、税金、其他费用。

三、利润

利润是指施工企业完成所承包工程获得的赢利。随着市场经济的进一步发展，企业决定利润率水平的自主权将会更大。在投标报价时企业可以根据工程的难易程度、市场竞争情况和自身的经营管理水平自行确定合理的利润率。

四、税金

机电安装工程税金是指国家税法规定的应计入机电安装工程造价的营业税、城市维护建设税及教育费附加。

9.2 费用的计算程序

一、工料单价法计价程序

工料单价法是计算出分部分项工程量后乘以工料单价，合计得到直接工程费，直接工程费汇总后再加措施费、间接费、利润和税金生成工程承包价，其计算程序分为三种。

1. 以直接费为计算基础

以直接费为计算基础的工料单价法计价程序如表 9-2 所示。

2. 以人工费和机械费为计算基础

以人工费和机械费为计算基础的工料单价法计价程序如表 9-3 所示。

表 9-2　以直接费为计算基础的工料单价法计价程序

序号	费 用 项 目	计 算 方 法
1	直接工程费	按预算表
2	措施费	按规定标准计算
3	小计(直接费)	(1)＋(2)
4	间接费	(3)×相应费率
5	利润	{(3)＋(4)}×相应利润率
6	合计	(3)＋(4)＋(5)
7	含税造价	(6)×(1＋相应税率)

表 9-3　以人工费和机械费为计算基础的工料单价法计价程序

序号	费 用 项 目	计 算 方 法
1	直接工程费	按预算表
2	其中人工费和机械费	按预算表
3	措施费	按规定标准计算
4	其中人工费和机械费	按规定标准计算
5	小计	(1)＋(3)
6	人工费和机械费小计	(2)＋(4)
7	间接费	(6)×相应费率
8	利润	(6)×相应费率
9	合计	(5)＋(7)＋(8)
10	含税造价	(9)×(1＋相应费率)

3. 以人工费为计算基础

以人工费为计算基础的工料单价法计价程序如表 9-4 所示。

表 9-4　以人工费为计算基础的工料单价法计价程序

序号	费 用 项 目	计 算 方 法
1	直接工程费	按预算表
2	直接工程费中人工费	按预算表
3	措施费	按规定标准计算
4	措施费中人工费	按规定标准计算
5	小计	(1)＋(3)
6	人工费和机械费小计	(2)＋(4)
7	间接费	(6)×相应费率
8	利润	(6)×相应费率
9	合计	(5)＋(7)＋(8)
10	含税造价	(9)×(1＋相应费率)

二、综合单价法计价程序

综合单价分为全费用综合单价和部分费用综合单价，全费用综合单价其单价内容包括直接工程费、措施费、间接费、利润和税金。由于大多数情况下措施费由投标人单独报价，而不包括在综合单价中，此时综合单价仅包括直接工程费、间接费、利润和税金。

综合单价如果是全费用综合单价，则综合单价乘以各分项工程量汇总后，就生成工程承发包价格。如果综合单价是部分费用综合单价（如综合单价不包括措施费），则综合单价乘以各分项工程量汇总后，还需加上措施费才得到工程承发包价格。

综合单价法计算程序同工料单价法。

9.3 工程预付款

一、工程预付款的概念

工程预付款是机电安装工程施工合同订立后由发包人按照合同约定，在正式开工前预先支付给承包人的工程款。它是施工准备和所需要材料、结构件等流动资金的主要来源，国内习惯上又称为预付备料款。在《建设工程施工合同（示范文本）》中，对有关工程预付款作了如下约定："实行工程预付款的，双方应当在专用条款内约定发包人向承包人预付工程款的时间和数额，开工后按约定的时间和比例逐次扣回。预付时间应不迟于约定的开工日期前7天。发包人不按约定预付，承包人在约定预付时间7天后向发包人发出要求预付的通知，发包人收到通知后仍不能按要求预付，承包人可在发出通知后7天停止施工，发包人应从约定应付之日起向承包人支付应付款的贷款利息，并承担违约责任。"

二、工程预付款的扣回

发包人支付给承包人的工程预付款其性质是预支。随着工程进度的推进，拨付的工程进度款数额不断增加，工程所需主要材料、构件的用量逐渐减少，原已支付的预付款应以抵扣的方式予以陆续扣回，扣款的方式有以下几种。

(1) 发包人和承包人通过洽商用合同的形式予以确定，可采用等比率或等额扣款的方式。也可针对工程实际情况具体处理，如有些工程工期较短、造价较低，就无须分期扣还；有些工期较长，如跨年度工程，其预付款的占用时间很长，根据需要可以少扣或不扣。

(2) 从未施工工程尚需的主要材料及构件的价值相当于工程预付款数额时起扣，从每次中间结算工程价款中，按材料及构件比重扣抵工程价款，至竣工之前全部扣清。因此，确定起扣点是工程预付款起扣的关键。确定工程预付款起扣点的依据是：未完施工工程所需主要材料和构件的费用，等于工程预付款的数额。

工程预付款起扣点可按下式计算：

$$T=P-M/N$$

式中：T——起扣点，即工程预付款开始扣回的累计完成工程金额；

P——承包工程合同总额；

M——工程预付款数额；

N——主要材料、构件所占比重。

9.4　工程进度款

一、工程进度款的计算

工程进度款一般采用全费用综合单价法计算，工程量得到确认后，只要将工程量与综合单价相乘得出和价，再累加，即可完成本月工程进度款的计算工作。

二、工程进度款的支付

《建设工程施工合同(示范文本)》关于工程款的支付作出了相应的约定："在确认计量结束后 14 天内，发包人应向承包人支付工程进度款。""发包人超过约定的支付时间不支付工程款(进度款)，承包人可向发包人发出要求付款的通知，发包人接到承包人通知后仍不能按要求付款，可与承包人协商签订延期付款协议，经承包人同意后可延期支付。"协议应明确延期支付的时间和从计量结果确认后第 15 天起计算应付款的贷款利息。"发包人不按合同约定支付工程款(进度款)，双方又未达成延期付款协议，导致施工无法进行，承包人可停止施工，由发包人承担违约责任。"

【例 9-1】

1. 背景

某机电安装公司承建一高校新址教学主楼的机电安装工程，依据设计图纸、合同和有关文件等，经过计算汇总得到其人工费、材料费、机械费的综合价为 1200 万元。零星工程费占直接工程费的 4%，措施费费率 6.5%，间接费费率 9%，利润率为 5%，税金按规定计取，费率按 3.4%计算。

2. 问题

(1) 简要说明综合单价法的计算过程。

(2) 综合单价法计算建筑安装工程费的程序是什么？

(3) 列表计算该工程的安装工程造价(采用以人工费、材料费、机械费合计为基数)。

3. 分析与答案

(1) 安装工程造价的计算方法分为工料单价法和综合单价法。

工料单价法是以分部分项工程量乘以单价后的合计为直接工程费，直接工程费以人工、材料、机械的消耗量及其相应价格确定。直接工程费汇总后另加措施费、间接费、利润、税金生成工程发承包价，其计算程序分为三种：以直接费为计算基础；以人工费和机械费为计算基础；以人工费为计算基础。

综合单价法的计算过程如下。

① 综合单价法的分部分项单价为全费用单价，全费用单价经综合计算后生成。

② 内容包括直接工程费、间接费、利润和风险因素（措施费也可按此方法生成全费用价格）。

③ 各分项工程量乘以综合单价的和价汇总后，再加计规费和税金，便可生成安装工程造价。

（2）综合单价法计算安装工程费的程序。

由于分部分项工程中的人工、材料、机械含量的比例不同，各分项工程可根据其材料费占人工费、材料费、机械费合计的比例（以字母 C 代表该项比值），在以下三种计算程序中选择一种，计算其综合单价。

① $C>C_0$（本地区原费用定额测算所选典型工程材料占人工费、材料费、机械费合计的比例）时，可采用以人工费、材料费、机械费合计为基数计算分项工程的间接费和利润。

② $C<C_0$ 时，可采用人工费和机械费合计为基数计算分项的间接费和利润。

③ 如该分项的直接费仅为人工费，无材料费和机械费时，可采用以人工费为基数计算该分项的间接费和利润。

（3）该工程的安装造价如表 9-5 所示。

表 9-5　以直接费为计算基础的计算　　单位：万元

序　号	费 用 项 目	计 算 方 法	金　额
(1)	直接工程费	1200	1200
(2)	零星工程费	(1)×4%＝1200×4%	48
(3)	措施费	(1)×6.5%＝1200×6.5%	78
(4)	直接费	(1)＋(2)＋(3)	1326
(5)	间接费	(4)×9%	119.34
(6)	利润	(4)×5%	66.30
(7)	不含税造价	(4)＋(5)＋(6)	1511.64
(8)	税金	(7)×3.4%	51.40
(9)	含税造价	(7)＋(8)	1563.04

【例 9-2】

1. 背景

某开发商对一栋综合性写字楼机电安装工程进行公开招标，该工程建筑面积为 38 200 m³，主体结构为框架-剪力墙结构，建筑檐高 45.8 m，地上 16 层。工程地处繁华商业区，离周围建筑物较近，工期为 180 天。业主要求按工程量清单计价规范要求进行报价。

某机电安装公司参与投标，经对图纸的详细会审、计算，汇总得到单位工程费用如下：分部分项工程量计价和计 1898 万元，措施项目计价占分部分项工程量计价的 4.8%，规费占分部分项工程计价的 1%，税金费率取 3.4%。

2. 问题

(1) 列表计算该单位工程的工程费。

(2) 列表说明措施项目清单通用项目应包括的项目名称。

(3) 列表说明其他项目清单应包括的项目名称。

3. 分析与答案

(1) 该单位工程的工程费如表 9-6 所示。

表 9-6　工程费　　单位:万元

序号	项目名称	金额
1	分部分项工程量清单计价合计	1898
2	措施项目清单计价合计	1898×4.8%=91.10
3	其他清单计价合计	0
4	规费	1898×1%=18.98
5	不含税工程造价	1898+91.1+18.98=2008.08
6	税金	2008.08×3.4%=68.27
7	含税工程造价	2008.08+68.27=2076.35

(2) 措施项目清单通用项目包括的项目名称如表 9-7 所示。

表 9-7　项目名称

序　号	项目名称	序　号	项目名称
1	环境保护	6	二次搬运
2	文明施工	7	大型机械进出场及安拆
3	安全施工	8	脚手架
4	临时设施	9	已完工程及设备保护
5	夜间施工		

(3) 其他项目清单应包括的项目名称如表 9-8 所示。

表 9-8　项目名称

序　号	项目名称	序　号	项目名称
1	招标人部分	2	投标人部分
(1)	预留金	(1)	总承包服务费
(2)	材料购置费	(2)	零星工程费

【例 9-3】

1. 背景

某机电安装工程公司承包一个机电安装工程,该工程合同额为 3500 万元,工期为 10 个月。承包合同按《建设工程施工合同(示范文本)》签订,合同规定如下。

(1) 主要材料及工程设备金额占合同总额的 75%。

(2) 工程预付款为合同金额的 20%，工程预付款应从未施工工程尚需的主要材料及工程设备价值相当于预付款时起扣，每月以抵充工程款的方式陆续收回。

(3) 工程保修金为承包合同总价的 5%，业主从每月承包商的工程款中按 5% 的比例扣留。

(4) 除设计单位变更和其他不可抗力因素外，合同总价不作调整。

由监理工程师代表签认的机电安装工程公司每月计划和实际完成的安装工程量如表 9-9 所示。

表 9-9　工程结算数据表　　单位：万元

月　　份	3—8 月	9 月	10 月	11 月	12 月
计划完成的建安工程量	1600	680	720	260	240
实际完成的建安工程量	1620	660	740	250	230

2. 问题

(1) 预付款的计算方法有哪些？简述其内容。

(2) 本案例的工程预付款是多少？

(3) 预付款从几月份开始起扣？

(4) 前半年及其他各月监理工程师代表应签证的工程量是多少？应签发付款金额是多少？

(5) 设备就位后，机电安装工程公司于 4 月 9 日提交了工程量清单，监理工程师代表于 4 月 15 号进行了计量确认，签署了付款凭证。到 5 月 1 日，机电安装工程公司仍然没有得到设备就位后的工程款，机电安装工程公司应采取何种对策？

3. 分析与答案

(1) 预付款的计算方法有两种。

① 百分比法。百分比法是按年度工程量的一定比例确定预付备料款额度的一种方法。

② 数学计算法。数学计算法是根据主要材料和工程设备占年度承包工程总价的比重，材料储备定额的天数和年度施工天数等因素，通过数学公式计算预付备料款额度的一种方法。

(2) 工程预付款的回扣。

工程预付款起扣点可按下式计算：

$$T=P-M/N$$

式中：T——起扣点，即工程预付款开始扣回的累计完成工程金额；

P——承包工程合同总额；

M——工程预付款数额；

N——主要材料、构件所占比重。

本案例的预付款金额为

$$3500\times 20\%\ \text{万元}=700\ \text{万元}$$

(3) 为了保证工程施工的正常进行，发包人应根据合同的约定和有关规定按工程的进度按时支付工程款。

107 号文规定，“建筑工程发承包双方应当按照合同约定定期或者按工程进度分阶段进行工程款结算”。

《建设工程施工合同(示范文本)》关于工程款的支付也作出了相应的约定。

① 在确认计算结果后 14 天内,发包人应向承包人支付进度款。

② 发包人在约定的支付时间内不支付进度款,承包人可向发包人发出要求付款的通知,发包人在接到承包人通知后仍不能按要求付款,可与承包人协商签订延期付款协议,经承包人同意后可延期支付。

③ 协议应明确延期支付的时间和计算结果确认后第 15 天起计算应付款的贷款利息。

④ 发包人不按合同约定支付工程款(进度),双方又未达成延期付款协议,导致施工无法进行,承包人可停止施工,由发包人承担违约责任。

预付款的起扣点为

$$(3500-700\div75\%)\text{ 万元}=2566.67\text{ 万元}$$

(4) 前半年完成安装工程量 1620 万元,9 月份完成 660 万元,累计完成 2280 万元;10 月份完成 740 万元,累计完成 3020 万元,大于 2566.67 万元,因此,应从 10 月份扣回预付款。

前半年及其他各月监理工程师代表应签证的工程款和应签发付款凭证金额如下。

① 前半年监理工程师代表应签证的工程款和应签发付款凭证金额均为

$$1620\times(1-5\%)\text{ 万元}=1539\text{ 万元}$$

② 9 月份监理工程师代表应签证的工程款和应签发付款凭证金额均为

$$660\times(1-5\%)\text{ 万元}=627\text{ 万元}$$

③ 10 月份监理工程师代表应签证的工程款为

$$740\times(1-5\%)\text{ 万元}=703\text{ 万元}$$

10 月份应签发付款凭证金额均为

$$[703-(3020-2566.67)\times75\%]\text{ 万元}=363\text{ 万元}$$

④ 11 月份监理工程师代表应签证的工程款为

$$250\times(1-5\%)\text{ 万元}=237.5\text{ 万元}$$

11 月份应签发付款凭证金额均为

$$(237.5-250\times75\%)\text{ 万元}=50\text{ 万元}$$

⑤ 12 月份监理工程师代表应签证的工程款为

$$230\times(1-5\%)\text{ 万元}=218.5\text{ 万元}$$

12 月份应签发付款凭证金额均为

$$(218.5-230\times75\%)\text{ 万元}=46\text{ 万元}$$

(5) 机电安装工程公司可以采取的对策:先与业主协商,争取达成延期付款协议,如果无法达成延期付款协议,导致施工无法进行,承包商可停止施工,则违约责任由业主承担。

【例 9-4】

1. 背景

某机电安装公司通过公开招标承建某汽车制造厂的机电安装工程项目,合同总价为 5000 万元,工期为 7 个月。合同签订日期为 3 月 1 日,双方约定 4 月 1 日开工,10 月 28 日竣工。

施工过程中发生如下事件(发生部位均为关键工序,索赔费用可在当月付款中结清)。

事件1：预付款按合同总价的25%支付，预付款延期支付20天，致使工程实际开工日拖延5天（每天的延期付款利率按1‰计算，每延误工期一天补偿5000元）。

事件2：5月初因施工机械出现故障延误工期2天，费用损失9000元，每延误工期1天罚款5000元。

事件3：8月份由于业主设计变更，造成施工单位返工费4万元，并损失工期3天。又停工待图10天，窝工损失5万元。

事件4：为赶工期，施工单位增加赶工措施费6万元（9月份4万元，10月份2万元），使工程不仅未拖延，相反比合同工期提前7天完工，双方约定工期每提前一天奖励6000元。

2. 问题

（1）在以上事件发生后，施工单位是否可以向监理工程师提出索赔要求？为什么？

（2）施工单位可索赔工期和费用各为多少？

3. 分析与答案

（1）承包商索赔必须具体的条件如下。

① 与合同相比较，已经造成了实际的额外费用支出或工期损失。

② 造成费用增加或工期损失的原因不是由于承包方的过失。

③ 按合同规定造成费用的增加或工期损失不是应由承包方承担的风险。

④ 承包方在事件发生后的规定时间内提出了索赔的书面意向通知。

（2）索赔费用的组成如下。

① 索赔费用的主要组成部分同工程款的计价内容相似。

② 建安工程合同价包括直接费、间接费、利润和税金。

③ 承包商有索赔权利的工程成本增加，都是可以索赔的费用。但是，对于不同原因引起的索赔，承包商可索赔的具体费用内容是不完全一样的。哪些内容可索赔，要按照各项费用的特点条件进行分析论证。

（3）索赔费用的包括以下费用。

① 人工费。对于索赔费用中的人工费是指完成合同之外的额外工作所花费的人工费用；由于非承包商责任的工效降低所增加的人工费用；超过法定工作时间加班劳动；法定人工费增长以及非承包商责任工程延期导致的人员窝工费和工资上涨费等。

② 材料费。由于索赔事项材料实际用量超过计划用量而增加的材料费；由于客观原因材料价格大幅度上涨；由于非承包商责任工程延期导致的材料价格上涨和超期储存费用。

③ 施工机械使用费。由于完成额外工作增加的机械使用费，非承包商责任工效减低增加的机械使用费；由于业主或监理工程师原因导致机械停工的窝工费。

④ 分包费用。分包费用索赔指的是分包商的索赔费，一般也包括人工费、材料费、机械使用费的索赔。

⑤ 现场管理费。索赔款中的现场管理费是指承包商完成额外工程费、索赔事项工作以及工期延长期间的现场管理费。

⑥ 利息。利息的索赔通常发生于下列情况：延期付款的利息；索赔款的利息；错误扣款的利息。

⑦ 总部（企业）管理费。索赔款中的总部管理费主要指的是工程延期期间所增加的管理费。

通过分析计算得出以下结论。

(1) 事件 1:可以提出索赔。工期预付款延期支付属于业主责任,业主应向施工单位支付延期付款的利息,并顺延工期。

事件 2:施工机械出现故障属于施工单位责任,不能提出索赔。

事件 3:该事件都是由于业主原因造成的,所以可以提出相应的工期和费用索赔。

事件 4:赶工措施费时施工单位自身的原因,不能提出索赔。

(2) 工期和费用索赔的计算。

① 工期索赔计算:预付款延期支付拖延 5 天;业主原因造成返工时间 3 天;停工 10 天。

可索赔工期为

$$(5+3+10)\text{ 天}=18\text{ 天}$$

② 费用索赔计算。

事件 1:延期付款利息为

$$5000\times25\%\times1\%\times20\text{ 万元}=25\text{ 万元}$$

工期补偿费用为

$$5000\times5\text{ 元}=25000\text{ 元}=2.5\text{ 万元}$$

事件 2:罚款为

$$2\times5000\text{ 元}=1\text{ 万元}$$

事件 3:返工费 4 万元,窝工费损失 5 万元;

工期补偿费用为

$$5000\times(10+3)\text{ 元}=65000\text{ 元}=6.5\text{ 万元}$$

事件 4:工期提前奖为

$$7\times6000\text{ 元}=42000\text{ 元}=4.2\text{ 万元}$$

索赔费用总计为

$$(25+2.5+4+5+6.5+4.2-1)\text{ 万元}=46.2\text{ 万元}$$

第10章 机电安装工程项目概预决算

机电安装工程项目概预决算是机电安装工程项目在不同阶段的需要解决的费用问题。工程概预算是指在工程建设过程中，根据不同设计阶段的设计文件的具体内容和有关定额、指标及取费标准，预先计算和确定建设项目的全部工程费用的技术经济文件；决算是工程项目竣工后实际发生的全部建设费用。本章主要介绍工程概预决算在机电安装工程项目管理中的应用。

10.1 概算

一、概算的概念和意义

机电安装工程概算是指在机电设备初步设计或技术设计阶段，根据机电设备的设计图纸及说明书、设计材料清单及价格、机电设备概算定额或概算指标、各项费用取费规定，对机电设备整个形成过程的投资额进行的估算。

机电设备设计概算是确定设备价值和控制投资的依据。设计概算经批准后，就成为编制设备投资计划、签订设备制造合同、控制设备投资拨款或贷款以及考核设备设计经济合理性的依据。

机电设备设计概算的编制工作应由设计单位负责，概算以概算文件及设计概算书的形式体现。设计概算书由概算表和概算说明书两部分组成。概算说明书包括的内容有：

(1) 设计内容，说明设备的性质、主要工艺流程、设备设计规模等条件；

(2) 编制依据；

(3) 编制方法；

(4) 设计概算价格的技术经济分析，说明各部门设备投资所占比例及其分析；

(5) 有关其他问题的说明。

二、机电设备设计概算的编制依据

1. 批准的设计任务书和上级批准的其他有关文件

这些文件规定了设计概算的编制内容与范围。

2. 机电设备初步设计方案和扩大初步设计方案

机电设备初步设计方案包括设备初步设计图纸与机电设备初步设计说明书等有关文件，具体反映设备的平面、立面设计结构以及所需的材料等相关内容。机电设备初步设计方案是进行设备设计概算的直接依据。

3. 概算定额和概算指标

概算定额与概算指标是确定设计概算费用额度的标准。在进行机电设备设计概算时，必须以有关部门的概算定额和概算指标为编制依据。

4. 地区规定的取费文件及其他规定

在机电设备设计概算编制过程中收集地区性的各种文件规定时，一定要注意文件的适用性，同时也要注意这些文件使用的时效性。

5. 机电设备投资估算文件

设计概算不得任意突破设备投资估算。按照国家有关规定要求，如果设备设计概算超过设备投资估算 10%以上，则需要进行设备设计概算的修正，并分析其原因，对设备设计概算加以控制。因此可以说，设备投资估算是设备设计概算的最高额度标准。

三、机电设备设计概算的编制方法

机电设备设计概算的编制应当按照设备设计文件中的设备清单及有关材料清单编制。一般按机械设备、电气设备、通信设备和自控仪表设备等类型进行划分。

从机电设备设计概算的编制内容上分，包括三大部分：一是机电设备购置概算的编制；二是机电设备安装工程概算的编制；三是机电设备工程其他费用概算的编制。这里主要介绍机电设备安装工程概算的编制方法。

1. 预算单价法

当初步设计有详细设备清单时，可直接按预算单价编制机电设备安装单位工程概算。根据计算的设备安装工程量，乘以安装工程预算综合单价，汇总求得。

用预算单价法编制概算，计算比较具体，精确度较高。

2. 扩大单价法

当初步设计的机电设备清单不完备，或仅有成套设备的重量时，可采用主体设备、成套设备或工艺线的综合扩大安装单价编制概算。

3. 概算指标法

当初步设计的设备清单不完备或安装预算单价及扩大综合单价不全，无法采用预算单价法和扩大单价法时，可采用概算指标编制概算。概算指标形式较多，概括起来主要有：设备百分比法，综合吨位指标法，以座台套组、根或功率为计量单位和以设备安装工程单位建筑面积等几种计算方法。

(1) 设备价值百分比法，又称安装设备百分比法，是按占设备价值的百分比（即安装费率）的概算指标计算安装费。当初步设计深度不够或只有设备出厂价而无详细规格、重量时，安装费可按占设备费的百分比计算，其百分比值由主管部门制定或由设计单位根据已完类似工程确定。该法常用于价格波动不大的定型产品和通用设备产品，计算公式为

$$机电设备安装费=设备原价\times设备安装费率(\%)$$

(2) 综合吨位指标法，即按每吨机电设备安装费的概算指标计算安装费。当初步设计提供的设备清单有规格和设备重量时，可采用此法，其综合吨位指标由主管部门或由设计院根据已完类似工程资料确定。计算公式为

$$机电设备安装费=设备吨位\times每吨设备安装费指标(元/吨)$$

(3) 按座、台、套、组、根或功率等位计量单位的概算指标计算。如工业炉，按每台安装费指标计算；冷水箱，按每组安装费指标计算，等等。

(4) 按机电设备安装工程单位建筑面积的概算指标计算。有些机电设备安装工程按不同专业内容(如通风、动力、照明、管道等)采用单位建筑面积的安装费用概算指标计算安装费。

10.2 施工图预算

从传统意义上讲,施工图预算是指在施工图设计完成以后,按照主管部门制定的预算定额、费用定额和其他取费文件等编制的单位工程或单项工程预算价格的文件;从现有意义上讲,只要是按照施工图纸一级计价所需的各种依据在工程实施前所计算的工程价格,均可以称为施工图预算价格。按照预算造价的计算方式和管理方式的不同,施工图预算可以划分为两种计价模式,即传统计价模式和工程量清单计价模式。

一、施工图预算的作用

1. 施工图预算对建设单位的作用

(1) 施工图预算是施工图设计阶段确定机电安装工程项目造价的依据,是设计文件的组成部分。

(2) 施工图预算是建设单位在施工期间安排建设资金计划和使用建设资金的依据。

(3) 施工图预算是招投标的重要基础,既是工程量清单的编制依据,也是标底编制的依据。

(4) 施工图预算是拨付进度款及办理结算的依据。

2. 施工图预算对施工单位的作用

(1) 施工图预算是确定投标报价的依据。

(2) 施工图预算是施工单位进行施工准备的依据。

(3) 施工图预算是控制成本的依据。

二、施工图预算编制的依据

施工图预算编制的依据如下:

(1) 经批准和会审的施工图设计文件及有关标准图集;

(2) 施工组织设计;

(3) 与施工图预算计价模式有关的计价依据;

(4) 经批准的设计概算文件;

(5) 预算工作手册。

三、施工图预算编制的方法

《建筑工程施工发包与承包计价管理办法》第五条规定:施工图预算、招标标底和投标报价由成本、利润和税金构成。其编制可采用工料单价法和综合单价法两种计价方法。工料单价法是传统的计价模式采用的计价方式，综合单价法是工程量清单计价模式采用的计价方式。下面简单介绍工料单价法。

工料单价法是指分部分项工程单价为直接工程费单价，以分部分项工程量乘以对应分部分项单价后的合计为单位工程直接工程费。直接工程费汇总后另加措施费、间接费、利润、税金生成工程承发包价。按照分部分项工程单价产生的方法不同，工料单价法又可以分为预算单价法和实物法。

1. 预算单价法

预算单价法是用地区统一单位估价表中的各分项工料预算单价乘以相应的各分项工程的工程量，求和后得到包括人工费、材料费和机械使用费在内的单位工程直接工程费。措施费、间接费、利润和税金可根据统一规定的费率乘以相应的寄去基数求得。将上述费用汇总后得到单位工程的施工图预算。

单位工程直接工程费计算公式为

$$\text{单位工程直接工程费} = \sum(\text{分项工程费} \times \text{预算单价})$$

预算单价法编制的施工图预算的基本步骤如下。

(1) 准备资料，熟悉施工图纸。

准备施工图纸、施工组织设计、施工方案、现行机电安装定额、取费标准、统一工程量计算规则和地区材料价格等各种资料。在此基础上详细了解施工图纸，全面分析工程各分部分项工程，充分了解施工组织设计和施工方案，注意影响费用的关键因素。

(2) 计算工程量。

根据工程内容和定额项目，列出需计算工程量的分部分项工程；根据一定的计算顺序和计算规则，列出分部分项工程量的计算式；根据施工图纸上的设计尺寸及有关数据，代入计算式进行数值计算；对计算结果的计量单位进行调整，使之与定额中相应的分部分项工程的伎俩单位保持一致。

(3) 套用预算单价，计算直接工程费。

核对工程量计算结果后，利用地区统一单位估价表中的分项工程预算单价，计算出各分项工程和价，汇总后求出单位工程直接工程费。

(4) 编制工料分析表。

根据各分部分项工程项目实物工程量和预算定额项目中所列的用工及材料数量，计算各分部分项工程所需人工及材料数量，汇总后算出该单位工程所需各类人工、材料的数量。

(5) 按计价程序计取其他费用，并汇总造价。

根据规定的税率、费率和相应的计取基础，分别计算措施费、间接费、利润、税金。将上述费用累计后与直接工程费进行汇总，求出单位工程预算造价。措施费、间接费、利润和税金的计取程序按照《建筑安装工程费用组成》计算。

(6) 复核。

对项目填列、工程量计算公式、计算结果、套用的单价、采用的取费费率、数字计算、数据精确度进行全面复核，以便及时发现差错，及时修改，提高预算的准确性。

(7) 编制说明、填写封面。

封面应写明工程编号、工程名称、预算总造价和单方造价、编制单位名称、负责人和编制日期以及审核单位的名称、负责人和审核日期等。编制说明主要应写明预算所包括的工程内容范围、依据的图纸编号、承包方式、有关部门现行的调价文件号、套用单价需要补充说明的问题及其他需说明的问题等。

2. 实物法

实物法编制施工图预算是指按工程量计算规则和预算定额确定分部分项工程的人工、材料、机械消耗量，按照资源的市场价格计算出各分部分项工程的工料单价，以工料单价乘以工程量汇总得到直接工程费，再按照市场行情计算措施费、间接费、利润和税金等，汇总得到单位工程费用。

$$\begin{aligned}\text{分部分项工程工料单价} = &\sum(\text{材料预算定额用量} \times \text{当时当地材料预算价格}) \\ &+ \sum(\text{人工预算定额用量} \times \text{当时当地人工预算价格}) \\ &+ \sum(\text{施工机械预算台班定额用量} \times \text{当时当地机械台班单价})\end{aligned}$$

$$\text{单位工程直接工程费} = \sum(\text{分部分项工程量} \times \text{分部分项工程工料单价})$$

实物法编制施工图预算的步骤与前面预算单价法编制施工图预算的步骤一样，只是第三步是套用消耗定额，计算人工、材料、机械消耗量。

10.3 竣工结算

《建设工程施工合同(示范文本)》规定：“工程竣工验收报告经发包人认可后28天内，承包人向发包人递交竣工结算报告及完整的结算资料，双方按照协议书约定的合同价款及专用条款约定的合同价款调整内容，进行工程竣工结算。”专业监理工程师审核承包人报送的竣工结算报告表，总监理工程师审定竣工结算报表，与发包人、承包人协商一致后，签发竣工结算文件和最终的工程款支付证书。

发包人收到承包人递交的竣工结算报告结算资料后28天内进行核实，给予确认或者提出修改意见。发包人确认竣工结算报告后通知经办银行向承包人支付竣工结算价款。承包人收到竣工结算价款后14天内将竣工工程交付发包人。

发包人收到竣工结算报告及结算资料后28天内无正当理由不支付工程竣工结算价款，从第29天起按承包人同期向银行贷款利率支付拖欠工程价款的利息，并承担违约责任。发包人收到竣工结算报告及结算资料后28天内无正当理由不支付工程竣工结算价款，承包人可以催告发包人支付结算价款。发包人在收到竣工结算报告及结算资料后56天内仍不支付的，承包人可以与发包人协议将该工程折旧，也可以由承包人申请人人民法院将该工程依法拍卖，承包人就该工程折价或者拍卖的价款优先受偿。

工程竣工验收报告经发包人认可后28天内，承包人未能向发包人递交竣工结算报告及完整的结算资料，造成工程竣工结算不能正常进行或工程竣工结算价款不能及时支付，发包人要求支付工程款的，承包人应当交付；发包人不要求支付工程的，承包人承担保管责任。

【例 10-1】

1. 背景

某机电安装工程公司经投标承接了某大学一栋教学楼的机电安装工程，并签订了承包合同。工程合同价为 1200 万元；合同要求工程价款采用调值公式动态结算。该工程的人工费占工程价款的 35%，材料费占 50%，不调值费用占 15%，人工成本指数为 90，材料物价指数为 120。开工前，业主向承包商支付合同价的 20%作为工程预付款，当工程进度达到合同价的 60%时，开始从超过部分的工程结算款中按 60%抵扣工程预付款，竣工前全部扣清；工程进度逐月结算。工程竣工结算时，人工成本指数为 90，材料物价指数为 150。

2. 问题

(1) 该工程价款竣工结算的方式有哪几种？

(2) 简述竣工结算的原则和程序。

(3) 列出该工程的动态结算调值公式并计算调值后的合同价款。

(4) 该工程预付款和起扣点是多少？

3. 分析与答案

(1) 工程价款竣工结算方式有：按月结算、竣工后一次算清、分段结算、双方议定的其他方式。

(2) 竣工结算原则。

① 任何工程的竣工结算，必须在工程全部完工、经提交验收并提出竣工验收报告以后方能进行。

② 工程竣工结算的各方，应共同遵守国家有关法律、法规、政策、方针和各项规定，严禁高估冒算，严禁套用国家和集体资金，严禁在计算时挪用资金和谋取私利。

③ 坚持实事求是，针对具体情况处理遇到的复杂问题。

④ 强调合同的严肃性，依据合同约定进行结算。

⑤ 办理竣工结算，必须依据充分，基础资料齐全。

竣工结算程序如下。

① 对确定作为结算对象的工程项目全面清点，备齐结算依据和资料。

② 以单位工程为基础对施工图预算、报价内容进行检查核对。

③ 对发包人要求扩大的施工范围和由于设计修改、工程变更、现场签订引起的增减预算进行检查、核对，如无误，则分别归入相应的单位工程结算书中。

④ 将各单位工程结算书汇总成单项工程项目的竣工结算书。

⑤ 将各单位项工程结算书汇总成整个机电安装工程项目的竣工结算书。

⑥ 编写竣工结算说明，内容主要为结算书的工程范围、结算内容、存在的问题、其他必须说明的问题。

⑦ 编写竣工结算书，经相关部门批准后，送发包方审查签认。

(3) 安装工程价款常用的动态结算办法。

① 按实际价格结算法。

② 按主材计算价差。

③ 竣工调价系数法。

④ 调价公式法(又称动态结算公式法)。

调价公式法是国际上常用的一种方法,在发包方和承包方签订的合同中明确规定了调值公式;调值公式包括固定部分、材料部分、人工部分三项;调值公式如下:

$$P=P_0(a_0+a_1A/A_0+a_2B/B_0+a_3C/C_0+a_4D/D_0)$$

式中:P——调值后合同价款或工程实际结算款;

P_0——调值前工程进度款;

a_0——固定要素,代表合同支付中不能调整的部分;

a_1、a_2、a_3、a_4——代表有关成本要素(如人工费用、材料费用、运输费用等),在合同总价中 $a_1+a_2+a_3+a_4=1$;

A_0、B_0、C_0、D_0——签订合同日期与 a_1、a_2、a_3、a_4 对应的各项费用的基期价格指数或价格;

A、B、C、D——与特定付款证书有关的期间最后天的 49 天前与 a_1、a_2、a_3、a_4 对应的各成本要素的现行价格指数或价格。

各部分成本的比重系数在许多标书中要求承包方在投标时即提出,并在价格分析中予以论证。但也有的是由防爆放在标书中规定一个允许的范围,由投标人在此范围内选定。

$$\begin{aligned}P&=P_0\times(0.15+0.35A/A_0+0.5B/B_0)\\&=1200\times(0.15+0.35\times90\div80+0.5\times150\div120)\text{ 万元}\\&=1200\times1.16875\text{ 万元}\\&=1402.5\text{ 万元}\end{aligned}$$

式中:P——调值后合同价款或工程实际结算款;

P_0——合同价款中工程预算款;

A_0、B_0——基期价格指数或价格;

A、B——工程结算日期的价格指数或价格。

(4) 该工程的预付备料款为

$$1200\times20\%\text{ 万元}=24\text{ 万元}$$

该工程预付备料其扣点为

$$1200\times60\%\text{ 万元}=720\text{ 万元}$$

【例 10-2】

1. 背景

某新建工业厂房项目的设备安装工程,分部分项工程量清单项目的和价为 280 000 元,其中人工费为 20 000 元。该设备安装的相关费用如下。

(1) 管理费、利润分别按人工费的 50%和 60%计取。

(2) 脚手架搭拆的工料机费用,按分部工程工程量清单人工费的 5%计取,其中人工费占 25%;夜间施工人工降效共计 120 个工日,每工日按 25 元计算;安全、文明施工等措施项目费用为 25 572.50 元计算。

(3) 其他项目清单的合计为 50 000 元。

(4) 规费费率为 6%,税率为 3.41%。

2. 问题

(1) 依据背景条件,计算措施项目费用。

(2) 编制单位工程费用汇总表,确定该设备安装单位工程的总造价。

3. 分析与答案

本例设计安装工程措施项目清单计价的方法,安装工程工程量清单计价的方法,脚手架工程及其他费用的计算方法,如何编制单位工程费用汇总表的基本方法。

(1) 计算措施项目费用。

脚手架搭拆费为

$$[20000\times5\%+20000\times5\%\times25\%\times(50\%+60\%)]\text{元}=1275\text{元}$$

夜间措施增加费为

$$120\times25\times(1+50\%+60\%)\text{元}=6300\text{元}$$

措施费合计为

$$(1275+6300+25572.5)\text{元}=33147.5\text{元}$$

(2) 单位工程费用汇总如表 10-1 所示。

表 10-1　费用汇总

序　　号	项 目 名 称	金额/元
(1)	分部分项工程量清单计价合计	280000.00
(2)	措施项目清单计价合计	33147.50
(3)	其他项目清单计价合计	50000.00
(4)	规费=[(1)+(2)+(3)]×6%	21788.85
(5)	税金=[(1)+(2)+(3)+(4)]×3.41%	13126.33
	工程总造价	398062.68

第11章 机电安装工程项目施工成本控制

机电安装工程项目施工成本控制应从工程投标报价开始，直至项目竣工结算完成为止，贯穿于实施的全过程。成本作为项目管理的一个关键性目标，包括责任成本目标和计划成本目标，它们的性质和作用不同，前者反映组织对施工成本目标的要求，后者是前者的具体化，把施工成本在组织管理层和项目经理部的运行有机连接起来。

11.1 施工成本的组成

机电安装工程项目施工成本是指项目在施工过程中所发生的全部生产费用的总和，包括消耗的原材料、辅助材料、构配件等费用，周转材料的摊销费或租赁费，施工机械的使用费或租赁费，支付给生产工人的工资、奖金、工资性质的津贴等，以及进行施工组织与管理所发生的全部费用支出。机电安装工程项目施工成本由直接成本和间接成本组成，参见第 9 章表 9-1。

直接成本是指施工过程中耗费的构成工程实体或有助于工程实体形成的各项费用支出，是可以直接计入直接工程对象的费用，包括人工费、材料费、施工机械使用费和施工措施费等。

间接成本是指为施工准备、组织和管理施工生产的全部费用的支出，是非直接用于、也无法直接计入工程对象但为进行工程施工所必须发生的费用，包括管理人员工资、办公费、差旅交通费等。

11.2 成本计划的编制

施工成本计划是以货币形式编制施工项目在计划期内的生产费用、成本水平、成本降低率，以及为降低成本所采取的主要措施和规划的书面方案，它建立在施工项目成本管理责任制之上，是开展成本控制和核算的基础，是该项目降低成本的指导文件，是设立目标成本的依据。可以说，计划成本是目标成本的一种形式。

一、 施工成本计划应满足的要求

施工成本计划应满足的要求如下。

(1) 合同规定的项目质量和工期要求。

(2) 组织对施工成本管理目标的要求。

(3) 以经济合理的项目实施方案为基础的要求。

(4) 有关定额及市场价格的要求。

二、 施工成本计划的编制方法

施工成本计划的编制方法有以下三种。

(1) 按施工成本构成编制。施工成本可以按成本构成分解为人工费、材料费、施工机械使用费、措施费和间接费，如图 11-1 所示。

(1) 按子项目组成编制。大中型的工程项目通常是由若干单项工程构成的，而每个单项工程包括了多个单位工程，每个单位工程又由若干个分部分项工程构成，因此，首先要把项目总施工成本分解到单项工程和单位工程中，再进一步分解为分部工程和分项工程，如图 11-2 所示。

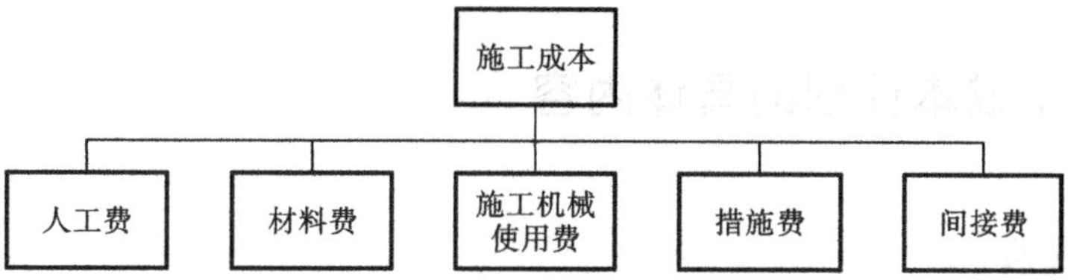

图 11-1　施工成本构成分解

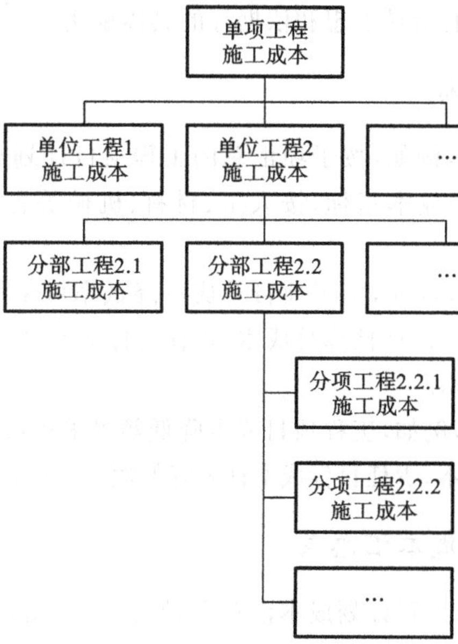

图 11-2　按子项目分解施工成本

(3) 按工程进度编制。编制按时间进度的施工成本计划，通常可利用控制项目进度的网络图进一步扩充得到。即在建立网络图时，一方面确定完成各项工作所需花费的时间，另一方面同时确定完成这一工作的合适的施工成本支出计划。在实践中，将工程项目分解为既能方便地表示时间，又能方便地表示施工成本支出计划的工作是不容易的，通常如果项目分解程度对时间控制合适的话，则对施工成本支出计划可能分解过细，以至于不可能对每项工作确定其施工成本支出计划，反之亦然。因此在编制网络计划时，应在充分考虑进度控制对项目划分要求的同时，还要考虑确定施工成本支出计划对项目划分的要求，做到二者兼顾。

以上三种编制施工成本计划的方法并不是相互独立的，在实践中，往往是将这几种方法结合起来使用，从而达到扬长避短的效果。例如，将按子项目分解项目总施工成本与按施工成本构成分解项目总施工成本两种方法相结合，横向按施工成本构成分解、纵向按子项目分解，或横向按子项目分解、纵向按施工成本构成分解。这种分解方法有助于检查各分部分项工程施工成本构成是否完整，有无重复计算或漏算；同时还有助于检查各项具体的施工成本支出的对象是否明确或落实，并且可以从数字上校核分解的结果有无错误。或者还可将按子项目分解项目总施工成本计划与按时间分解项目总施工成本计划结合起来，一般纵向按子项目分解，横向按时间分解。

三、施工成本计划的具体内容

1. 编制说明

编制说明是指对工程的范围、投标竞争过程及合同条件、承包人对项目经理提出的责任成本目标、施工成本计划编制的指导思想和依据等的具体说明。

2. 施工成本计划的指标

(1) 成本计划的数量指标，例如，按子项汇总的工程项目计划总成本指标，按分部汇总的各单位工程(或子项目)计划成本指标，按人工、材料、机械等各主要生产要素计划成本指标。

(2) 成本计划的质量指标，例如，施工项目总成本降低率可采用：设计预算成本计划降低率＝设计预算总成本降低额/设计预算总成本，责任目标成本计划降低率＝责任目标总成本计划降低额/责任目标总成本。

(3) 成本计划的效益指标，例如，工程项目成本降低额可采用：设计预算成本计划降低额＝设计预算总成本－计划总成本，责任目标成本计划降低额＝责任目标总成本－计划总成本。

3. 列出单位工程计划成本汇总表

按工程量清单列出的单位工程计划成本汇总表，如表 11-2 所示。

表 11-2　单位工程计划成本汇总表

	清单项目编码	清单项目名称	合同价格	计划成本
1				
2				
⋮				

4. 形成单位工程成本计划表

按成本性质划分的单位工程成本汇总表，根据清单项目的造价分析，分别对人工费、材料费、施工机械使用费、措施费、企业管理费和税费进行汇总，形成单位工程成本计划表。

成本计划应在项目实施方案确定和不断优化的前提下进行编制，因为不同的实施方案将导致直接工程费、措施费和企业管理费的差异。成本计划的编制是施工成本预控的重要手段，因此，应在工程开工前编制完成，以便将计划成本目标分解落实，为各项成本的执行提供明确的目标、控制手段和管理措施。

11.3　成本的控制

施工成本控制是指在施工过程中，对影响施工项目成本的各种因素加强管理，并采用各种有效措施，将施工中实际发生的各种消耗和支出严格控制在成本计划范围内，随时揭示并及时反馈，严格审查各项费用是否符合标准，计算实际成本和计划成本（目标成本）之间的差异并进行分析，消除施工中的损失浪费现象，发现和总结先进经验。

施工项目成本控制应贯穿于施工项目从投标阶段开始直到项目竣工验收的全过程，它是企业全面成本管理的重要环节，因此，必须明确各级管理组织和各级人员的责任和权限，这是成本控制的基础之一，必须给以足够的重视。

施工成本控制可分为事先控制、事中控制（过程控制）和事后控制。

一、成本控制的内容

1. 以项目施工成本形成过程作为控制对象

施工项目现场管理机构应对项目成本进行全方位、全过程的控制，控制的内容包括项目从无到有的全过程。

1）投标阶段

根据工程概况和招标文件，联系建筑市场和竞争对手的情况进行成本预测，提出投标决策意见。以“标书”为依据确定项目的成本目标，并下达给施工项目现场管理机构。

2）施工准备阶段

制定科学先进、经济合理的施工方案。根据企业下达的成本目标，以分部分项工程实物工程量为基础，联系劳动定额、材料消耗定额和技术组织措施的节约计划，在优化的施工方案的指导下制作详细而具体的成本计划，并按照部门、施工队和班组的分工进行分解。间接费用的编制与落实，根据项目建设时间的长短和参加建设人数的多少，作出间接费用预算，并进行明细分解，为今后的成本控制和绩效考评提供依据。

3）施工阶段

加强施工任务单和限额领料单的管理。将施工任务单和限额领料单的结算资料与施工预算进行核对分析。做好月度成本原始资料的收集和整理，正确计算月度成本，分析月度预算成本与实际成本的差异，在月度成本核算的基础上实行责任成本核算。经常检查对外经济合同的履行情况，不符合要求时，应根据合同规定向对方索赔，对缺乏履行能力的单位，要采取断然措施，立即中止合同，并另找可靠的合作单位，以免影响施工，造成经济损失。定期检查各责任部门和责任者的成本控制情况。

4）竣工验收阶段

精心安排，干净利落地完成工程竣工收尾工作。重视竣工验收工作，使工程顺利交付使用。在验收以前要准备好验收所需要的各种书面资料送建设单位备查，对验收中建设单位提出的意见，应根据设计要求和合同内容认真处理，如涉及费用，应请建设单位签证，列入工程结算。及时办理工程结算，一般来说，工程结算价等于原施工图预算加增减账。在工程保修期间，应由施工项目现场管理机构指定保修工作的责任者，并责成保修责任者根据实际情况提出保修计划（包括费用计划），以此作为控制保修费用的依据。

2. 以项目施工的职能部门、作业队组作为控制对象

项目施工成本费用一般都发生在各个职能部门和作业队组，因此，应以职能部门和作业队组作为控制对象，接受施工项目现场管理机构和部门的指导、监督、检查和考评。

3. 以分部分项工程作为控制对象

一般应根据项目的分部分项工程实物量，参照施工预算定额，联系项目管理的技术和业务素质以及技术组织措施编制施工预算，作为分部分项工程成本的依据。

二、成本控制的步骤

在确定了施工成本计划后，必须定期地进行施工成本计划值与实际值的比较，当实际值偏离计划值时，分析产生偏差的原因，采取适当的纠偏措施，以确保施工成本控制目标的实现。其步骤如下。

1. 比较

按照某种确定的方式将施工计划成本计划值与实际值逐项进行比较，以发现施工成本是否超支。

2. 分析

在比较的基础上，对比较的结果进行分析，以确定偏差的严重性及偏差产生的原因。这一步是施工成本控制工作的核心，其主要目的在于找出产生偏差的原因，从而采取有针对性的措施，减少或避免相同事件的再次发生或减少由此造成的损失。

3. 预测

按照完成情况估计完成项目所需的总费用。

4. 纠偏

当工程项目的实际施工成本出现了偏差，应当根据工程的具体情况、偏差分析和预测的结果，采取适当的措施，以期达到使施工成本偏差尽可能小的目的。纠偏是施工成本控制中最具实质性的一步。只有通过纠偏，才能最终达到有效控制施工成本的目的。

对偏差原因进行分析的目的是为了有针对性地采取纠偏措施，从而实现成本的动态控制和主动控制。纠偏首先要确定纠偏的主要对象，偏差原因有些是无法避免和控制的，如客观原因，充其量只能对其中少数原因做到防患于未然，力求减少该原因所产生的经济损失。在确定了纠偏的主要对象之后，就需要采取有针对性的纠偏措施。纠偏可采用组织措施、经济措施、技术措施和合同措施。

5. 检查

检查是指对工程的进展进行跟踪和检查，及时了解工程进展状况以及纠偏措施的执行

情况和效果,为今后的工作积累经验。

11.4 施工成本控制的方法

施工阶段是机电安装工程项目成本发生的主要阶段,它通过确定成本目标并按计划成本进行施工和资源配置,对施工现场发生的各种成本费用进行有效控制,其具体控制方法主要是偏差分析法。

一、偏差的概念

在费用控制中,费用的实际值与计划值的差异称为费用偏差,即

费用偏差＝已完工程实际费用－已完工程计划费用

式中:已完工程实际费用＝已完工程量×实际单价;已完工程计划费用＝已完工程量×计划单价。

结果为正表示费用超支,结果为负表示费用节约。但是,必须特别指出,进度偏差对费用偏差分析的结果有重要影响,如果不加考虑就不能正确反映费用偏差的实际情况。例如,某一阶段的费用支出可能是进度超前导致的,也可能是物价上涨导致的。所以,必须引入进度偏差的概念。

进度偏差1＝已完工程实际时间－已完工程计划时间

为了与费用偏差联系起来,进度偏差也可以表示为

进度偏差2＝拟完工程计划费用－已完工程计划费用

所谓拟完工程计划费用,是根据进度计划安排在某一确定时间内所应完成的工程内容的计划费用。即

拟完工程计划费用＝拟完工程量(计划工程量)×计划单价

进度偏差为正值,表示工期拖延;进度偏差为负值,表示工期提前。用进度偏差2来表示进度偏差,其思路是可以接受的,但表达并不十分严格。在实际应用时,为了便于工期调整,还需将用费用差额表示的进度偏差转换为所需要的时间。

二、偏差的分析方法

偏差分析可采用不同的方法,常用的有横道图法、表格法和曲线法。

1. 横道图法

用横道图法进行费用偏差分析,是用不同的横道标识已完工程计划费用、拟完工程计划费用和已完工程实际费用,横道的长度与金额成正比例,如图11-3所示。

横道图法具有形象、直观、一目了然等优点,它能够准确表达出费用的绝对偏差,而且能一眼感受到偏差的严重性。但这种方法反映的信息量少,一般在项目的较高管理层应用。

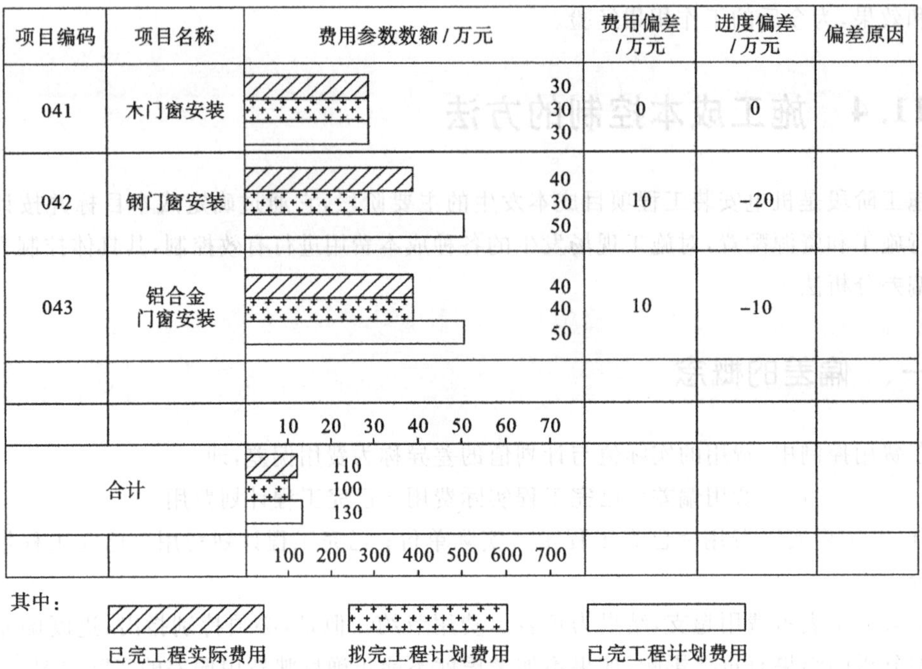
项目编码
项目名称
费用参数数额 / 万元
费用偏差 / 万元
进度偏差 / 万元
偏差原因
041
木门窗安装
30
30
30
0
0
042
钢门窗安装
40
30
50
10
-20
043
铝合金门窗安装
40
40
50
10
-10
10 20 30 40 50 60 70
合计
110
100
130
100 200 300 400 500 600 700
其中：
已完工程实际费用
拟完工程计划费用
已完工程计划费用

图 11-3 横道图法偏差分析

2. 表格法

表格法是进行偏差分析最常用的一种方法。它将项目编号、名称、各费用参数以及费用偏差数总和归纳入一张表格中，并且直接在表格中进行比较。由于各偏差参数都在表中列出，使得费用管理者能够综合地了解并处理这些数据。

用表格法进行偏差分析具有如下优点。

（1）灵活、适用性强。可根据实际需要设计表格，增减项目。

（2）信息量大。可以反映偏差分析所需的资料，从而有利于费用控制人员及时采取针对性措施，加强控制。

（3）表格处理可借助于计算机，从而节约大量数据处理所需的人力，并大大提高速度。

表 11-3 所示为用表格法进行偏差分析的例子。

表 11-3 表格法偏差分析

项目编号		041	042	043
项目名称		木门窗安装	钢门窗安装	铝合金门窗安装
单位		万元	万元	万元
计划单价	①			
拟完工程量	②			
拟完工程计划费用	③=①×②	30	30	40
已完工程量	④			
已完工程计划费用	⑤=①×④	30	50	50

续表

项目编号		041	042	043
项目名称		木门窗安装	钢门窗安装	铝合金门窗安装
单位		万元	万元	万元
实际单价	⑥			
其他款项	⑦			
已完工程实际费用	⑧=④×⑥+⑦	30	40	40
费用局部偏差	⑨=⑧−⑤	0	10	−10
费用局部偏差程度	⑩=⑧/⑤	1	0.8	0.8
费用累计偏差	⑪ = ∑⑨			
费用累计偏差程度	⑫ = ∑⑧/∑⑤			
进度局部偏差	⑬=③−⑤	0	−20	−10
进度局部偏差程度	⑭=③/⑤	1	0.6	0.8
进度累计偏差	⑮ = ∑⑬			
进度累计偏差程度	⑯ = ∑③/∑⑤			

3. 曲线法

曲线法是用费用累计曲线（S 形曲线）来进行费用偏差分析的一种方法。如图 11-4 所示。其中，Q 表示费用实际值曲线，P 表示费用计划值曲线，两条曲线之间的竖向距离表示费用偏差。

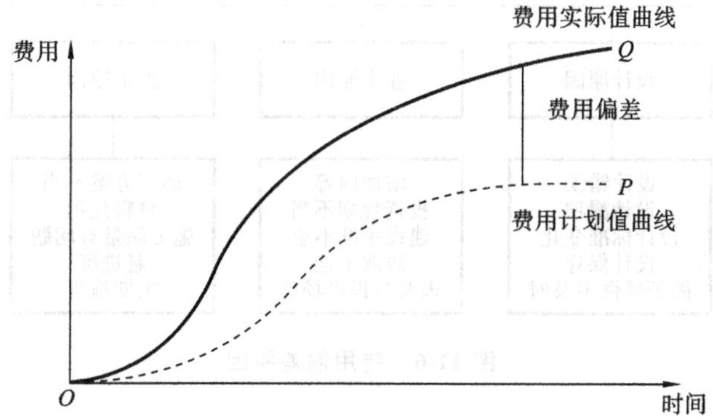

图 11-4 费用计划值与实际值曲线

在用曲线法进行费用偏差分析时，首先要确定费用计划值曲线。费用计划值曲线是与确定的进度计划联系在一起的。同时，也应考虑实际进度的影响，应当引入三条费用参数曲线，即已完工程实际费用曲线 a、已完工程计划费用曲线 b 和拟完工程计划费用曲线 p，如图 11-5 所示。图中曲线 a 与曲线 b 的竖向距离表示费用偏差，曲线 b 与曲线 p 的水平距离表示进度偏差。图 11-5 反映的偏差为累计偏差。用曲线法进行偏差分析同样具有形象、直观的特点，但这种方法很难直接用于定量分析，只能对定量分析起到一定的指导作用。

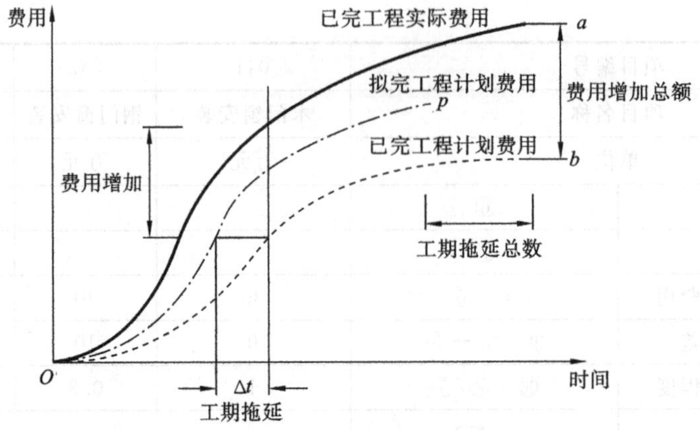

图 11-5　三种费用参数曲线

三、偏差原因分析

偏差分析的一个重要目的就是要找出引起偏差的原因，从而有可能采取有针对性的措施，减少或避免相同事件的再次发生。在进行偏差原因分析时，首先应当将已经导致和可能导致偏差的各种原因逐一列举出来。导致不同工程项目产生费用偏差的原因具有一定共性，因而可以通过对已建项目的费用偏差原因进行归纳和总结，为该项目采用预防措施提供依据。

一般来说，产生费用偏差的原因有以下几种，如图 11-6 所示。

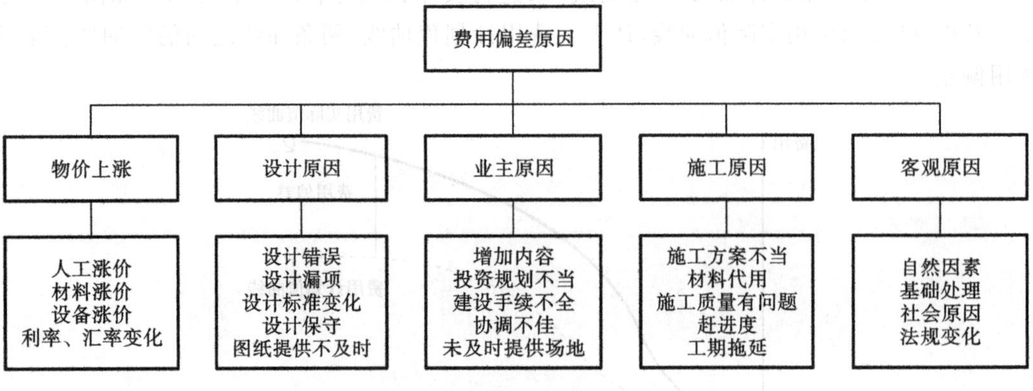

图 11-6　费用偏差原因

四、纠偏的措施

纠偏可以采用组织措施、经济措施、技术措施和合同措施，在此不赘述。

【例 11-1】

1. 背景

某施工单位通过激烈竞争在某地承包炼钢厂建设工程项目，按建筑安装工程费用组成除去税金和公司管理费后，工程造价为 1000 万元，按现有成本控制计划，比实际成本还低 10%。公司要求项目部通过编制降低成本计划进行成本管理，创造利润 60 万元。项目部通过对现有成本控制计划中措施内容的认真分析，认为工程中几个重要工序要重新编制施工方案，新方案在原来基础上人工费可降低 20%、材料费可降低 3%、施工机械使用费可降低 4%、其他直接费降低 10%、间接费上涨 12%。

2. 问题

(1) 该工程费用由哪几部分组成?

(2) 项目成本计划编制的依据是什么?

(3) 已知按原来成本控制计划，人工费占实际成本的 10%、材料费占实际成本 60%、施工机械使用费占 15%、其他直接费占 5%、间接费占 10%。请编制降低成本计划表，计算能否达到 60 万元利润。

(4) 本例中原项目成本控制计划内容如下：人工成本的控制，包括严密劳动组织和严格劳动定额管理两项；材料成本的控制，包括加强材料采购成本的管理一项；施工机械使用费的控制，包括严格控制对外租赁施工机械一项；其他直接费的控制，包括尽量减少管理人员的比重、对各种费用支出要用指标控制两项。问该成本控制计划的内容是否完善?

3. 分析与答案

(1) 建筑安装工程费用由直接费、间接费、利润和税金四部分组成。参见第 9 章表 9-1。

(2) 项目成本计划的编制依据如下。

① 与招标方签订的工程承包合同。

② 项目经理与企业法人签订的内部承包合同及有关资料，包括企业下达给项目的降低成本指标及其他要求。

③ 项目实施施工组织设计，如进度计划、施工方案、技术组织措施计划、施工机械的生产能力及利用情况。

④ 项目所需材料的消耗及价格、机械台班价格及租赁价格。

⑤ 项目的劳动效率情况，如各工种的技术等级、劳动条件等。

⑥ 历史上同类项目的成本计划执行情况以及有关技术经济指标完成情况的分析资料等。

⑦ 施工预算。

⑧ 其他成本计划的编制。

(3)项目成本计划的编制

本例简单计算如下。

① 实际成本为

$$1000\times(1+10\%)\ 万元=1100\ 万元$$

② 人工费的降低额为

$$1100\times10\%\times20\%\ 万元=22\ 万元$$

③ 材料费的降低额为

$$1100\times60\%\times3\%\ 万元=19.8\ 万元$$

④ 机械费降低额为

$$1100\times15\%\times4\%\ 万元=6.6\ 万元$$

⑤ 其他直接费的降低额为

1100×5%×10% 万元=5.5 万元

⑥ 间接费的升高额为

1100×10%×12% 万元=13.2 万元

共计降低额为

(22+19.8+6.6+5.5+13.2) 万元=67.1 万元

降低成本计划表如表 11-4 所示。

表 11-4　降低成本计划表

分项工程名称	成本降低额					
	合计	人工费	材料费	机械费	其他直接费	间接费用
某工程	67.1	22	19.8	6.6	5.5	−13.2
分项合计						

根据新的方案,可以达到 60 万利润。

(4) 项目成本控制的内容。

① 人工成本的控制:严密劳动组织,合理安排生产工人进出场时间;严格劳动定额制度,实行计件工资制;强化生产工人技术素质,提高劳动生产率。

② 材料成本的控制:加强材料的采购成本的管理,从量差和价差两个方面控制;加强材料消耗的管理,从限额发料和现场消耗两个方面控制。

③ 工程设备成本控制:机电安装工程如包工程设备采购,因包括设备采购成本、设备交通运输成本和设备质量成本等,占成本份额大,必须进行成本控制。

④ 施工机械费的控制:按施工方案和施工技术措施中规定的机种和数量安排使用;提高施工机械的利用率和完好率;严格控制对外租赁施工机械。

⑤ 其他直接费的控制:以收定支,严格控制。

⑥ 间接费用的控制:尽量减少管理人员的比重,要一人多岗;对各种费用支出要用指标控制。

所以,该项工程的成本控制计划不完善。

第12章 机电安装工程项目施工质量控制

机电安装工程项目施工质量控制是在明确的质量目标前提下，贯彻执行建设工程质量法规和强制性指标，正确配置施工生产要素和采用科学的管理方法，使安装工程项目实现预期的使用功能和质量标准。本章主要介绍机电安装工程项目施工质量控制的策划，施工质量影响因素的预控，施工质量检验的规定，施工质量统计分析方法，施工质量问题及事故的处理等内容。

12.1 施工质量策划

一、质量策划的概念

质量策划的目的在于制定并实现工程项目的质量目标。项目负责人应对实现质量目标和要求所需的各项活动和资源进行质量策划,包括建立项目质量保障体系,确定组织机构,制定各级人员的岗位职责和质量控制程序等。然后依据企业质量方针所确定的框架,在不同的层次进一步细化制定出质量分目标,同时确定为实现质量目标所需的措施和必要条件(相关资源)。策划的结果形成管理方面的文件和质量计划。

二、施工质量控制的目标

(1) 施工质量控制的总体目标是贯彻执行建设工程质量法规和强制性标准,正确配置施工生产要素和采用科学管理的方法,实现工程项目预期的使用功能和质量标准。这是建设工程参与各方的共同责任。

(2) 建设单位的质量控制目标是通过施工全过程的全面质量监督管理、协调和决策,保证竣工项目达到投资决策所确定的质量标准。

(3) 设计单位在施工阶段的质量控制目标,是通过对施工质量的验收签证、设计变更控制及纠正施工中所发现的设计问题,采纳变更设计的合理化建议等,保证竣工项目的各项施工结果与设计文件(包括变更文件)所规定的标准相一致。

(4) 施工单位的质量控制目标是通过施工全过程的全面质量自控,保证交付满足施工合同及设计文件所规定的质量标准(含工程质量创优要求)的建设工程产品。

(5) 监理单位在施工阶段的质量控制目标是通过审核施工质量文件、报告报表及旁站检查、平行检验、施工指令和结算支付控制等手段的应用,监控施工承包单位的质量活动行为,协调施工关系,正确履行工程质量的监督责任,以保证工程质量达到施工合同和设计文件所规定的质量标准。

12.2 各阶段质量控制的主要内容

一、质量的事前控制

质量的事前控制即施工质量的预控,是指施工技术人员和质量检验人员事先对工序进行分析,找出在施工过程中可能或容易出现的质量问题,从而提出相应对策,采取质量预控措施。质量预控是直接影响工程施工进度控制、质量控制、成本控制三大目标能否实现的关键。

1. 施工组织设计或质量计划预控

在施工之前，通过施工组织设计的编制，确定合理的施工程序、施工工艺和技术方法，以及制定与此相关的技术、组织、经济与管理措施，用于指导施工过程的质量管理和控制活动。

2. 施工准备状态的预控

施工准备状态是指施工组织设计或质量计划的各项安排和决定的内容，在施工准备过程或施工开始前，具体落实到位的情况。施工准备按其性质分类有：工程项目开工前的全面施工准备；各分部分项工程施工前的施工准备；冬、雨期等季节性施工准备。

3. 施工生产要素预控

1）施工人员的控制

对人的因素的控制主要侧重于人的资质、人的生理缺陷、人的心理缺陷、人的错误行为等。

2）材料因素的控制

材料包括原材料、成品、半成品、构配件、仪器仪表、生产设备等，是工程项目的物质基础，也是工程项目实体的组成部分。材料因素的控制主要是采购、进货检查和验收、储存保管、发放使用等方面的管理。

3）施工机具和检测器具的选用

施工机具和检测器具的选用，必须综合考虑施工现场条件、施工工艺方法、施工机具和检测器具的性能，施工组织与管理、技术经济等各种因素。

4）施工方法和操作工艺的控制

施工方法和操作工艺的控制应从以下几个方面考虑：必须结合工程实际和企业自身能力综合考虑；力求施工方法技术可行、经济合理、工艺先进、措施得力、操作方便；有利于提高工程质量，加快施工进度、降低工程成本。

5）施工环境因素的控制

影响工程项目施工质量的环境因素较多，有工程技术环境、工程管理环境、作业劳动环境等。项目经理部应针对工程的特点和环境条件，拟订控制方案和措施。如制定季节性保证施工质量的措施，在组织立体交叉作业时，精密设备或洁净室安装时对施工场所的空气洁净度所采取的控制措施，对噪声、粉尘的控制措施等。

二、质量的事中控制

1. 施工过程控制

施工过程控制包括：施工工艺过程的质量控制；工序交接的检查验收；隐蔽工程质量控制；调试、试验控制等。在施工过程控制中，主要是工序分析，即找出对工序的关键或重要质量特性起支配性作用的各个要素的全部活动；对这些支配性要素，要制定成标准，加以重点控制。

2. 施工质量控制点

在施工过程控制中，重点要对质量控制点进行控制。质量控制点是指对工程的性能、安全、寿命、可靠性等有严重影响的关键部位或对下一道工序有严重影响的关键工序。质量控制点的确定应以现行国家或行业工程施工质量验收规范、工程施工及验收规范、工程质量检验评定标准中规定应检查的项目作为依据，引进项目或国外承包工程可参照国家规定，结合特殊要求拟定质量控制点，并与用户协商确定。

质量控制点一般为施工过程中的关键工序或环节，如钢结构的梁柱板节点、关键设备的设备基础、压力试验、垫铁敷设等；关键工序的关键质量特性，如焊缝的无损检测、设备安装的水平度和垂直度偏差等；施工中的薄弱环节或质量不稳定的工序，如焊条烘干、坡口处理等；关键质量特性的关键因素，如管道安装的坡度、平行度的关键因素是人，冬期焊接施工的焊接质量关键因素是环境温度等；对后续工程施工、后续工序质量或安全有重大影响的工序、部位或对象；隐蔽工程；采用新工艺、新技术、新材料的部位或环节。

根据质量控制点对工程质量的影响程度，分为A、B、C三级。A级控制点是影响装置(产品)安全运行、使用功能和开车后出现质量问题有待停车才能处理或合同协议有特殊要求的质量控制点，必须由施工、监理和业主三方质检人员共同检查确认并签证；B级控制点是影响下一道工序质量的质量控制点，由施工、监理双方质检人员共同检查确认并签证；C级控制点是对工程质量影响较小或开车后出现问题可随时处理的次要质量控制点，由施工方质检人员自行检查确认。

3. 质量控制点明细表

在施工过程中要编制质量控制点明细表，明细表要报业主确认后方可执行；明细表中的质量控制点和检查等级可根据业主的需要进行适当增减和调整；明细表应包括：控制系统和控制环节的名称及责任人，控制点的名称和编号以及控制级别和责任人，记录表编号及名称等；质量检查记录表格应报业主认可。

三、质量的事后控制

质量的事后控制主要是工序质量检验。工序质量检验是指检查人员利用一定的方法和手段，对工序操作极其完成产品的质量进行实物的测定、查看和检查，并将所测得的结果与该工序的操作规程规定的质量特性和技术标准进行比较，从而判断是否合格。工序质量检验一般包括标准、度量、比较、判断处理和记录等内容，这些内容一般应在检验试验计划(卡)中明确给出。

1. 检验试验计划(卡)的编制要求

检验试验计划(卡)是质量计划(或施工方案)中的一项重要内容，它是整个工程项目施工过程中质量检验的指导性文件，是施工和质量检验人员执行检验和试验操作的依据。

检验试验计划是依据设计图纸、施工质量验收规范、合同规定内同编制的，至少应包括以下内容：检验试验项目名称；质量要求；检验方法(专检、自检、目测、检验设备名称和精度)；检测部位；检验记录名称或编号；何时进行检验；责任人；执行标准。

2. 项目质量检验的三检制

三检制是指操作人员的自检、互检和专职质量管理人员的专检相结合的检验制度，它是确保现场施工质量的一种有效的方法。

自检是指由操作人员对自己的施工作业或已完成的分部分项工程进行自我检验，实施自我控制、自我把关，及时消除异常因素，以防止不合格品进入下一道作业。互检是指操作人员之间对所完成的作业或分项工程进行的相互检查，是对自检的一种复核和确认，起到相互监督的作用。互检的形式可以是同组操作人员之间的相互检验，也可以是班组的质量检验员对本班组操作人员的抽检，同时也可以是下一道作业对上一道作业的交接检验。专检是指质量检验员对分部、分项工程进行检验，用于弥补自检、互检的不足。

实行三检制，要合理确定好自检、互检和专检的范围。一般情况下，原材料、半成品、成品的检验以专职检验人员为主，生产过程的各项作业的检验则以施工现场操作人员的自检、互检为主，专职检验人员巡回抽检为辅。成品的质量必须进行终检认证。

质量的事后控制还包括：质量评定；质量文件建档；回访保修。在此不作详细阐述，详见后面章节。

12.3 施工质量问题和事故处理

由于工程施工质量不符合标准的规定而引发或造成规定数额以上经济损失、工期延误或造成设备人身安全，影响使用功能的即构成质量事故。对于直接经济损失在规定数额以下，不影响使用功能和工程结构安全，没有造成永久性质量缺陷的不作为工程施工质量事故，可按一般质量问题由施工单位自行处理。对于问题性质暂时难以确认的质量事故，应按质量事故处理程序执行。

一、质量事故处理程序

1. 事故报告

施工现场发生质量事故时，施工负责人(项目经理)应按规定时间和程序，及时向企业报告事故状况。报告内容为：质量事故发生的时间、地点、工程项目名称及工程的概况；质量事故状况的描述；质量事故现场勘察笔录、证物照片、录像、证据资料、调查笔录等；质量事故的发展变化情况等。

2. 现场保护

质量问题出现后，要做好现场保护；如焊缝裂纹，不要急于返修，要等到处理结论批准后再处理。对于那些可能会进一步扩大，甚至会发生人、财、物损伤的质量问题，要及时采取应急保护措施。

3. 事故调查

由项目技术负责人为首组建调查小组,参加人员应是与事故直接相关的专业技术人员、质检员和有经验的技术工人等。调查内容包括现场调查和收集资料。

4. 撰写质量事故调查报告

质量事故调查与分析后,应整理撰写成质量事故调查报告,其内容包括:工程概况,重点介绍质量事故有关部分的工程情况;质量事故情况,事故发生时间、性质、现状及发展变化的情况;是否需要采取临时应急保护措施;事故调查中的数据资料;事故原因分析的初步判断;事故涉及人员与主要责任者的情况等。

5. 事故处理报告

事故处理后,应提交完整的事故处理报告,其内容包括:事故调查的原始资料、测试数据;事故原因分析、论证;事故处理依据;事故处理方案、方法及技术措施;检查复验记录;事故处理结论;事故处理附件(包括质量事故报告、调查报告、质量事故处理实施记录、检测记录、验收资料等)。

二、 质量事故处理方式

施工质量事故处理方式有返工、返修、限制使用、不作处理和报废五种情况。

1. 返工

在工程质量缺陷经过修补处理后,在仍不能满足规定的质量标准要求或不具备补救可能性的情况下,则必须采取返工处理。

2. 返修

对于工程某些部分的质量虽未达到规定的规范、标准或设计的要求,存在一定的缺陷,但经过修补后可以达到要求的质量标准,又不影响使用功能或外观的要求,可采取返修处理。

3. 限制使用

在工程质量缺陷按返修方式处理后,无法保证达到规定的使用要求和安全要求,而又无法返工处理的情况下,可按限制使用处理。

4. 不作处理

对于某些工程质量问题虽然达不到规定的要求或标准,但其情况不严重,对工程的使用和安全影响很小,经过分析、论证和设计单位认可后,可不作专门处理。

5. 报废

当采取上述办法后,仍不能满足规定的要求或标准,则必须按报废处理。

12.4　常见的工程质量统计分析方法的应用

一、分层法

由于工程质量形成的影响因素多，因此，对工程质量状况的调查和质量问题的分析，必须分门别类地进行，以便准确有效地找出问题及其原因，这就是分层法的基本思想。

例如，一个焊工班组有 A、B、C 三位工人实施焊接作业，共抽检 60 个焊接点，发现有 18 点不合格，占 30%，究竟问题在哪里？根据分层调查的统计数据表 12-1 可知，主要是作业工人 C 的焊接质量影响了总体的质量水平。

表 12-1　分层调查统计数据表

作业工人	抽检点数	不合格点数	个体不合格率(%)	占不合格点总数百分率(%)
A	20	2	10	11
B	20	4	20	22
C	20	12	60	67
合格	60	16	—	30

调查分析的层次应根据管理需要和统计目的来划分，通常可按照以下分层方法取得原始数据。

(1) 按时间分：月、日、上午、下午、白天、晚间、季节。

(2) 按材料分：产地、厂商、规格、品种。

(3) 按测定分：方法、仪器、测定人、取样方式。

(4) 按作业分：工法、班组、工长、工人、分包商。

(5) 按合同分：总承包、专业分包、劳务分包。

二、因果分析图法

因果分析图法也称为质量特性要因分析法(鱼刺图法)，其基本原理是对每一个质量特性或问题，采用如图 12-1 所示的方法，逐层深入排查可能原因。然后确定其中最主要原因，进行有的放矢的处置和管理。图 12-1 表示混凝土强度不合格的原因分析，其中，第一层面从人、机械、材料、施工方法和施工环境进行分析；第二层面、第三层面，依此类推。

使用因果分析图法时，应注意的事项是：

(1) 一个质量特性或一个质量问题使用一张图分析；

(2) 通常采用 QC 小组活动的方式进行，集思广益，共同分析；

(3) 必要时可以邀请小组以外的有关人员参与，广泛听取意见；

(4) 分析时要充分发表意见，层层深入，列出所有可能的原因；

(5) 在充分分析的基础上，由各参与人员采用投票或其他方式，从中选择 1～5 项多数

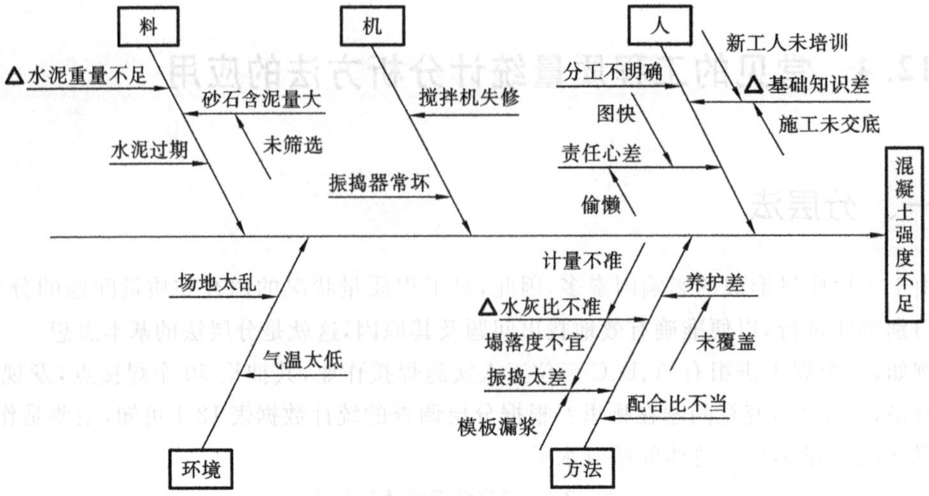

图 12-1　混凝土强度不合格因果分析

人达成共识的最主要原因。

【例 12-1】

1. 背景

某施工单位承接一热电厂安装，厂区架空热力管道工程由其管道分公司施工，施工内容包括管道支架、热力管道和绝热工程，管道支架上同时铺设两路热力管道，热力管道安装结束后该管道分公司向总公司上报试压方案后即进行水压试验，试验时有一排支架突然倾斜，使部分管道从支架上脱落，波纹膨胀节被拉直。

2. 问题

(1) 为什么要进行质量事故调查？

(2) 该质量事故应由哪级组织进行调查？调查小组由哪些人员参加？

(3) 水压实验前应完成哪些准备工作？

(4) 质量事故调查主要内容有哪些？

(5) 质量事故应从哪些方面进行分析？哪些人员参加？

3. 分析与答案

(1) 工程质量事故具有复杂性、严重性、可变性和多发性的特点。正确处理好工程的质量事故，认真分析原因，总结经验教训，改进质量管理体系，预防质量事故的发生，使工程质量事故减少到最低程度，是质量管理工作的一个重要内容和任务。

(2) 项目技术负责人组织调查，调查小组可由企业技术质量管理人员、有经验的技术工人、项目技术负责人、与事故直接相关的专业技术人员、质检人员和施工班组班组长等组成。

(3) 水压实验前应对已完成的工程(包括支架、管道)进行检查，工程均已按设计图纸要求全部完成，安装质量符合有关规定；膨胀节已设置临时约束装置；管道已按试验技术进行加固；与试验无关的管道及附件已隔离；试验器具已校验符合测试要求；试验方案已批准，并已进行了技术交底。

(4) 调查内容如下。

① 对事故进行细致的现场调查，包括发生的时间、性质、操作人员、现状及发展变化的情况，充分了解与掌握事故的现场和特征。

② 收集资料，包括所依据的设计图纸、使用的施工方法、施工工艺、采用的材料、施工机械、真实的施工记录、施工期间的环境条件、施工顺序及质量控制情况等，摸清事故对象在整个施工过程中所处的客观条件。

③ 对收集到的可能引发事故的原因进行整理，按“人、机、料、法、环”五个方面的内容进行归纳，形成质量事故调查的原始资料。

(5) 事故的原因分析，要建立在事故情况调查的基础上，其原因往往涉及设计、施工、材料设备质量和管理等方面，项目技术负责人组织项目有关人员及发生事故的班组长进行质量事故分析，必要时可同通知业主和监理方参加，进行详细分析、评审。

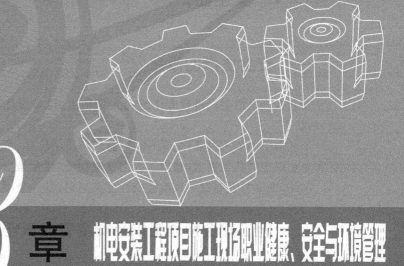

第13章 机电安装工程项目施工现场职业健康、安全与环境管理

随着人类社会进步和科技发展，职业健康安全与环境的问题越来越受关注。为了保证劳动者在劳动生产过程中的健康安全和保护人类的生存环境，必须加强职业健康安全与环境管理。而且职业健康、安全和环境的风险与机电安装工程项目管理过程和施工管理过程同时伴生，必须加以控制。因此职业健康、安全和环境管理与建设工程项目管理同步，直至工程竣工交付使用。

13.1 安全生产

一、安全生产的概念

安全生产是指生产过程处于避免人身伤害、设备损坏及其他不可接受的损害风险(危险)的状态。

不可接受的损害风险(危险)通常是指:超出了法律、法规和规章的要求;超出了方针、目标和企业规定的其他要求;超出了人们普遍接受(通常是隐含的)的要求。

因此,安全与否要对照风险接受程度来判定,是一个相对性的概念。

二、施工安全管理组织及安全管理责任制

1. 确定安全管理组织

项目经理部的安全第一责任人是项目经理,负责本工程项目安全管理的组织工作。其主要职责是:确定安全管理目标;明确安全管理责任制;建立项目部的安全管理机构,明确机构各级的管理责任和权力;依据安全生产的法律、法规,建立、健全项目安全生产制度和安全操作规程;高度重视安全施工技术措施的制定和实施;进行安全生产的宣传教育工作;开展危险源辨识和安全性评价;组织安全检查;处理安全事故。

2. 安全管理责任制的制定

项目部应按照“安全第一,预防为主,综合治理”的方针和“管生产必须管安全”的原则,综合各种安全生产管理、安全操作制度,以及各级领导、各级职能科室、有关工程技术人员和生产工人对安全工作应负的相应责任作出明确的规定,制定安全生产责任制,即分级管理、分线负责、责任明确。

3. 安全生产责任制的落实

(1) 项目经理对本工程项目的安全生产负全面领导责任,组织并落实施工组织设计中的各项安全技术措施,监督施工中安全技术交底制度和机械设备、设施验收等各项制度的实施。

(2) 项目总工程师对本工程项目的安全生产负技术责任,参加并组织编制施工组织设计。在编制、审批施工方案时,要制定、审查工程中所涉及的各项安全技术措施,保证其可行性与针对性,并随时检查、监督、落实。

(3) 工长(施工员)对项目部的分承包方(劳务队或班组)的安全生产负直接领导责任,针对工程施工特点,向项目部的分承包方(劳务队或班组)进行书面安全技术交底,交底人和被交底人履行签字确认手续,并对规程、措施、交底要求的执行情况进行检查,随时纠正违章作业。

(4) 安全员负责按照有关安全规章、规程和安全技术交底的内容进行监督、检查，及时纠正违章作业。

(5) 机电安装工程的项目经理，要主动服从建设单位、监理单位、总承包单位对现场安全生产工作的统一协调管理，执行安全生产管理的有关规定，切实制定落实好本项目部的安全生产责任制，承担对劳务分包单位的安全生产管理工作的监督管理责任。分承包方的劳务队长或班组长要认真落实安全技术交底，每天做好班前教育，并履行签字手续，把安全生产的责任分解到每个职工身上。

工程分承包方、劳务分包方的安全生产责任，除应遵循机电安装总承包方对项目安全生产管理目标总体控制的规定外，其内部也要建立相应的安全生产管理责任制，并经总承包方确认。

三、施工现场危险源的辨识与风险评价

1. 危险源的辨识范围

危险源的辨识范围包括：所有工作场所（常规和非常规）或管理过程的活动；所有进入施工现场人员（包括外来人员）的活动；机电安装项目经理部内部和相关方的机械设备、设施（包括消防设施）等；施工现场作业环境和条件；施工人员的劳动强度及女职工保护等。

2. 危险源的分类

危险源分为第一类危险源和第二类危险源。

通常把可能发生意外释放的能量（能源或能量再提）或危险物质称为第一类危险源，第一类危险源是事故发生的物理本质，一般来说，系统具有的能量越大，存在的危险物质越多，则潜在的危险性和危害性也就越大。例如，锅炉爆炸产生的冲击波、温度和压力，高处作业或吊起重物的势能，带电导体的电能，噪声的声能，生产中需要的热能，机械和车辆的动能，各种辐射能等，在一定条件下都可能造成事故，能破坏设备和物体的效能，损伤人体的生理机能和正常的新陈代谢功能。例如，在油漆作业中，苯和其他溶剂中毒是主要的职业危害，急性苯中毒主要是对中枢神经系统由麻醉作用，另外尚有肌肉抽搐和黏膜刺激作用。慢性苯中毒可能引起造血器官损害，使得白细胞和血小板减少，最后导致再生障碍性贫血，甚至白血病。

第二类危险源是造成约束、限制能量和危险物质措施失控的各种不安全因素。第二类危险源主要体现在设备故障或缺陷、人为失控和管理缺陷等几个方面。它们之间会相互影响，大部分是随机出现的，具有渐变性和突发性的特点，很难准确判定它们何时、何地、以何种方式发生，是事故发生的条件和可能性的主要因素。

3. 危险源的辨识

危险源辨识的首要任务是辨识第一类危险源，在此基础上再辨识第二类危险源。危险源辨识方法如下。

(1) 直观经验法，辨识危险源可根据危险源产生的因素，凭人的经验和判断力对施工环

境、施工工艺、施工设备、施工人员和安全管理的状况进行辨识和判断，从而做出评价。施工现场经常采用这种方法对危险源进行辨识，进而采取预防措施。

(2) 安全检查表法，是把整个工作活动或工作系统分成若干个层次(作业单元)，对每一个层次，根据危险因素确定检查项目并编制成表，形成了整个工作活动或工作系统的安全检查表。对每一作业单元进行检查。

4. 风险评价

在施工作业活动中的风险因素评价一般采用“作业条件危险性评价”和“专家评审”两种方法。

作业条件危险性评价法是用于系统风险率有关的三种因素指标值之积来评价风险大小的半定量评价方法。

13.2 施工安全技术措施的主要内容

一、施工安全技术措施的制定

1. 制定原则

制定施工安全技术措施应遵循“消除、预防、减少、隔离、个体保护”的原则。对不可避免的危险源，要在防护上、技术上和管理上采取相应的措施，并不断监测防止其超出可承受范围。

2. 施工安全技术措施

根据具体工程项目特点，有针对性地制定施工安全技术措施，机电总承包工程项目安全技术措施主要包括以下方面。

1) 施工总平面布置的安全技术要求

油料及其他易燃、易爆材料库房与其他建筑物的安全距离；电气设备、变配电设备、输配；线路的位置、距离等安全要求；大宗材料、机械设备与结构坑、槽的安全距离；加工场地、施工机械的位置应满足使用、维修的安全距离；配置必要的消防设施、装备、器材，确定控制和检查手段、方法、措施。

2) 高空作业

人员在高空作业，如意外从高空跌落，可能造成人身伤害。高空作业不可避免，安全技术措施应主要从防护着手，例如，不允许带病作业、疲劳作业、酒后高空作业；佩戴安全带、设置安全网、防护栏等。

3) 机械操作

机械操作可能造成人身机械伤害，防护措施除应保证设备完好、要求严格按安全操作规程操作外，对一些特殊的机械，应制定特别的安全技术措施，如划出安全区域、操作人员持证上岗等。

4）起重吊装作业

起重吊装作业，尤其是大型吊装，具有重大风险，一旦出现安全事故，后果极其严重。重要吊装作业应根据具体方案制定安全技术措施，形成专门的安全技术措施方案并严格执行。

5）动用明火作业

限制动用明火作业，是针对某些充满油料极其他易燃、易爆材料的场合，在这些场合不允许动用明火。必须动用的，必须采取专门的防护措施和预备专门的消防设施和消防人员。

6）在密闭容器内作业

在密闭容器内作业，空气不流通，很容易造成工人窒息和中毒，必须采取空气流通措施，照明应使用安全电压。

7）带电调试作业

带电调试作业既可能导致工人触电发生事故，也可能发生用电机械产生误动作而引发安全事故。必须采取相应的安全技术措施防止触电和用电机械产生误动作。

8）管道和容器的压力试验

管道和压力容器的无损探伤包括射线、超声波、磁粉和渗透探伤等；管道和容器的酸洗过程中，要严格遵守酸洗操作规程；管道和容器压力试验中的气压试验，其安全技术措施主要是严格按试压程序进行，即先水压试验，后气压试验，分级试压，试压前严格执行检查、报批程序。

9）临时用电

施工现场应该严格按原建设部颁发的现行标准《施工现场临时用电安全技术规程》进行临时用电施工，充分考虑施工现场的临时用电部位，严格管理，特别要做好带电作业和高压作业的防护。

10）单机试车和联动试车等安全技术措施

单机试车和联动试车是施工过程中安全事故、特别是重大安全事故的频发段。应根据设备的工艺作用、工作特点、与其他设施的关联等制定安全技术措施方案。

此外，还有冬季、雨季、夏季高温期、夜间等施工时安全技术措施；针对采用新工艺、新技术、新设备、新材料施工的特殊性制定相应的安全技术措施；对施工各专业、工种、施工各阶段、交叉作业等编制针对性的安全技术措施。

二、施工安全技术交底的策划和实施

1. 安全技术交底制度

工程开工前，工程技术负责人要将工程概况、施工方法、安全技术措施等向全体职工进行详细交底。

分项、分部工程施工前，工长（施工员）向所管辖的班组进行安全技术措施交底；两个以上施工队或工种配合施工时，工长（施工员）要按工程进度向班组长进行交叉作业的安全技术交底；班组长要认真落实安全技术交底，每天要对工人进行施工要求、作业环境的安全交底。

2. 安全技术交底的分类及内容

施工工种安全技术交底;分项、分部工程施工安全技术交底;采用新工艺、新技术、新设备、新材料施工的安全技术交底。

3. 安全技术交底记录

工长(施工员)进行书面交底后应保存安全技术交底记录和所有参加交底人员的签字;安全技术交底完成后,交到项目安全员处,由安全员负责整理归档;交底人及安全员应对安全技术交底的落实情况进行检查,发现违章作业应立即采取整改措施;安全技术交底记录一式三份,分别由工长、施工班组、安全员留存。

三、主要施工机械的安全隐患及防护措施

施工机械应按其技术性能、参数的要求正确使用,缺少安全装置或安全装置已失效的机械设备不得使用,严禁拆除机械设备上的自控机构、力矩限位器及监测、指示、仪表、报警器等安全信号装置;机械设备的调试和故障的排除应由专业人员进行,且严禁在运行状态进行作业。

1. 施工机械的安全隐患

(1) 未制定设备(包括应急救援器材)安装、拆除、验收、检测、使用、定期保养、维修、改造和报废制度或制度不完善、不健全。

(2) 购置的设备,无生产许可证、产品合格证或证书不齐全。

(3) 设备未按规定安装、拆除、验收、检测、使用、保养、维修、改造和报废。

(4) 向不具备相应资质的企业和个人出租或租用设备。

(5) 施工机械的装拆由不具备相应资质的单位或不具备相应资格的人员承担。

(6) 未按操作规程操作机械设备。

(7) 机械设备超载、带病运转。

(8) 起重设备装拆未经审批的专项方案、未按规定做好监控和管理。

(9) 起重设备未按规定检测或检测不合格即投入使用。

2. 施工机械的安全防护措施

违反安全操作规程的命令,操作人员应拒绝执行;机械设备的保养:日常保养、定期保养、冬季的维护与保养;机械设备的定期调整;机械设备的长期、短期存放;机械设备的修理:年度修理、中修、大修以及紧急修理。

四、临时用电的检查验收标准及准用程序

1. 临时用电的准用程序

根据国家有关标准、规范和施工现场的实际负荷情况,编制施工现场"临时用电的施工

组织设计”，并协助业主向当地电业部门申报用电方案；按照电业部门批复的方案及《施工现场临时用电安全技术规范》进行设备、材料的采购和施工；对施工项目进行检查、验收，并向电业部门提供资料，申请送电；电业部门在进行检查、验收和试验后，送电开通。

2. 临时用电检查验收的主要内容

临时用电工程安装完毕后，由安全部门组织检查验收。参加人员有主管临时用电安全的领导、技术人员、施工现场主管、编制临电设计者、电工班长及安全员。临时用电检查验收主要内容包括如下。

（1）架空线路：导线型号、截面应符合图纸要求；导线接头符合工艺标准；电杆材质、规格应符合设计要求；进户线高度、导线弧垂距地高度符合标准。

（2）电缆线路：电缆敷设方式符合《施工现场临时用电安全技术规范（附条文说明）》（JGJ 46—2005）中规定且与图纸相符；电缆穿过建筑物、道路，易损部位是否加套管保护；架空电缆绑扎最大弧垂距地面高度符合标准；电缆接头要符合规范。

（3）室内配线：导线型号及规格、距地高度符合标准；室内敷设导线是否采用瓷瓶、瓷夹；导线截面应满足规范最低标准。

（4）设备安装：变压器、配电箱、开关箱位置，距地高度符合标准；动力、照明系统是否分开设置；箱内开关、电器固定，箱内接线；保护零线与工作零线的端子分开设置；检查漏电保护器工作是否有效，特别是特别潮湿场所。

（5）接地接零：保护接地、重复接地、防雷接地的接地装置是否符合要求，各种接地电阻的电阻值符合标准；机械设备的接地螺栓是否紧固；高大井架、防雷接地的引下线与接地装置的做法符合标准。

（6）电气防护：高低压线下方有无生活设施、架具材料及其他杂物；架子与架空线路的距离符合标准；塔吊旋转部位或被吊物边缘与架空线路的距离符合标准。

（7）照明装置：照明箱内有无漏电保护器，是否有效；零线截面及室内导线型号、截面符合标准；室内外灯具距地高度符合标准；螺口灯接线、开关断线是否是相线；开关灯具的安装位置符合标准。

13.3　现场安全事故的分析及其处理程序

施工活动中发生的工程损害纳入质量事故处理程序。按照有关法律、法规的规定执行。安全事故的处理参照《企业职工伤亡事故报告和处理规定》执行。

一、安全伤亡事故的等级

伤亡事故按其严重程度分为轻伤事故、重伤事故、死亡事故、重大死亡事故、特别重大事故等（建设部按程度不同把重大事故分为一至四级）。轻伤事故和重伤事故由企业负责人或指定人员组织生产、技术、安全等有关人员以及工会成员参加的事故调查组，进行调查；死亡事故由企业主管部门会同企业所在地设区的市劳动部门、公安部门、工会组成事故调查组，进行调查；重大死亡事故按照企业隶属关系由省级主管部门会同同级劳动、公安、监察、工会及其他有关部门人员组成事故调查组，由同级劳动部门处理结案。

二、伤亡事故调查程序

参照《企业职工伤亡事故分类》(GB 6441—1986)的有关规定，伤亡事故调查程序为：

① 调查前的准备；

② 事故现场处理与勘查；

③ 物证收集；

④ 事故材料收集；

⑤ 证人材料收集；

⑥ 影像及事故图；

⑦ 事故原因分析；

⑧ 事故责任分析；

⑨ 对责任人的处理建议、事故预防措施；

⑩ 根据事故调查情况撰写企业职工伤亡事故调查报告书；

⑪ 伤亡事故调查报告。

调查报告的内容包括：事故基本情况、事故经过、事故原因分析、事故预防措施建议、事故责任的确认和处理意见、调查组人员名单及签字、附图及附件。

三、事故结案的一般程序

(1) 伤亡事故调查结束后，企业及主管部门将《企业职工伤亡事故调查处理报告书》按批复权限报相应一级劳动安全监察机构。

(2) 报告书批复后，企业将事故处理结果回执返回劳动安全监察机构。

(3) 对违反《中华人民共和国安全生产法》和《建设工程安全生产管理条例》的，按相关规定条文处理。

(4) 造成重大安全事故，构成犯罪的，对直接责任人，依照刑法有关规定追究刑事责任。

(5) 伤亡事故结案材料的归档。

四、伤亡事故发生时的应急措施

(1) 施工现场人员要有组织、听指挥，首先抢救伤员和排除险情，采取措施防止事故蔓延扩大。

(2) 保护事故现场。

(3) 事故现场保护时间通常要到事故结案后，当地政府行政管理部门或调查组认定事实原因已清楚时，现场保护方可解除。

13.4 熟悉施工现场环境保护的管理

一、环境因素和重要环境因素的识别

1. 环境因素的识别范围

施工现场在施工活动、管理、服务中所有活动能够控制或可能施加影响的环境因素，包括自身活动、产品、服务中，以及工程分包方、劳务分包方、物资供应方等相关方可施加影响的环境因素。

2. 环境因素识别的方法

通过现场调查、观察、咨询等识别环境因素；过程分析，把工程产品实现过程按工序进行分解，通过工序作业、资源消耗分析等，识别环境因素。

3. 识别环境因素的依据

现场在施工和生活中的三种状态（正常、异常和紧急）及三个时态（过去、现在和将来）。产品生产和服务过程中的大气排放、水体排放、废弃物处置、土地污染、放射性污染及原材料等自然资源的消耗、对当地或社区周边环境的影响。

4. 重要环境因素的判定

对已识别的环境因素，经过评价分析，确定重要环境因素；超过法律、法规对环境及其他要求规定的指标、相关方面的合理抱怨；对环境有较大影响的或潜在重大影响的环境因素可直接确定为重大因素；对不能或不易直接确定的，可采用多因素评分法进行综合评价后确定重要环境因素。

二、环境保护措施的主要内容

有效的环境保护措施是保护环境的主要手段，措施的落实是关键，监督和检测是措施改进的依据。

1. 现场环境保护措施的制定

对确定的重要环境因素制定目标、指标及管理方案；明确关键岗位人员和管理人员的职责；建立施工现场对环境保护的管理制度；对噪声、电焊弧光、无损检测等方面可能造成的污染和防治的控制；易燃、易爆及其他化学危险品的管理；废弃物，特别是有毒有害及危险品包装品等固体或液体的管理和控制；节能降耗管理；应急准备和响应等方面的管理制度；对工程分包方和相关方提出现场保护环境所需的控制措施和要求；对物资供应方提出保护环境行为要求，必要时在采购合同中予以明确。

2. 现场环境保护措施的落实

施工作业前,应对确定的与重要环境因素有关的作业环节,进行操作安全技术交底或指导,落实到作业活动中,并实施监控;在施工和管理中进行控制检查,并接受上级部门和当地政府或相关方的监督检查,发现问题立即整改;进行必要的环境因素监测控制,如施工噪声、污水或废气的排放等;施工现场、生活区和办公区应配备的应急器材、设施应落实并完好,以备应急时使用;加强施工人员的环境保护意识教育,组织必要的培训,使制定的环境保护措施得到落实。

13.5 现场文明施工

一、现场文明施工的策划

文明施工是项目现场管理的重要组成部分。

1. 施工项目文明施工管理组织体系

施工现场文明施工管理组织体系根据项目情况有所不同。

施工总承包文明施工领导小组,在开工前参照项目经理部编制的“项目管理实施规划”或“施工组织设计”,全面负责对施工现场的规划、制定各项文明施工管理制度、划分责任区、明确责任负责人,对现场文明施工管理具有落实、监督、检查、协调职责,并有处罚、奖励权。

2. 施工项目文明施工策划(管理)的主要内容

主要内容包括:现场管理;安全防护;临时用电安全;机械设备安全;消防、保卫管理;材料管理;环境保护管理;环卫卫生管理;宣传教育。

二、现场文明施工的措施

文明施工管理的水准是反映一个现代企业的综合管理水平和竞争能力的重要特征。

1. 现场管理

工地现场设置大门和连续、密闭的临时围护设施,牢固、安全、整齐美观;围护外部色彩与周围环境协调;严格按照相关文件规定的尺寸和规格制作各类工程标志标牌;场内道路要平整、坚实、畅通,有完善的排水措施;严格按施工组织设计中平面布置图划定的位置整齐堆放原材料和机具、设备;施工区和生活、办公区有明确的划分;责任区分片包干,岗位责任制健全,各项管理制度健全并上墙;施工区内废料和垃圾及时清理,成品保护措施健全有效。

2. 安全防护

安全帽、安全带佩戴符合要求;特殊工种个人防护用品符合要求;预留洞口、电梯口防护符合要求，电梯井内每隔两层(不大于10 m)设一安全网；脚手架搭设牢固、合理，梯子使用符合要求；设备、材料放置安全合理，施工现场无违章作业；安全技术交底及安全检查资料齐全，大型设备吊装运输方案有审批手续。

3. 临时用电

施工区、生活区、办公区的配电线路架设和照明设备、灯具的安装、使用应符合规范要求；特殊施工部位的内外线路按规范要求采取特殊安全防护措施；配电箱和开关箱选型、配置合理，安装符合规定，箱体整洁、牢固，具备防潮、防水功能；配电系统和施工机具采用可靠的接零或接地保护，配电箱和开关箱设两级漏电保护；值班电工个人防护整齐，持证上岗；电动机具电源线压接牢固，绝缘完好，无乱拉、扯、压现象；电焊机一、二次线防护齐全，焊把线双线到位，无破损；临时用电有设计方案和管理制度，值班电工有值班、检测、维修记录。

4. 机械设备

室外设备有防护棚、罩；设备及加工场地整齐、平整，无易燃及妨碍物；设备的安全防护装置、操作规程、标识、台账、维护保养等齐全并符合要求；操作人员持证上岗；起重机械和吊具的使用应符合其性能、参数及施工组织设计(方案)的规定。

5. 消防、保卫

建立健全安全、消防、保卫制度，落实治安、防火等工作管理责任人；施工现场配备专职保卫人员，昼夜有值班人和记录；施工现场的管理人员、作业人员必须佩戴工作卡，标明姓名、单位、工种或职务；施工现场有明显防火标志，消防通道畅通，消防设施、工具、器材符合要求；施工现场不准吸烟；易燃、易爆、剧毒材料的领退、存放、使用应符合相关规定；明火作业符合规定要求，电、气焊工必须持证上岗；施工现场有保卫、消防制度和方案、预案，有负责人和组织机构，有检查落实和整改措施。

6. 材料管理

工地的材料、设备、库房等按平面图规定地点、位置设置；材料、设备分规格存放整齐，有标识，管理制度、资料齐全并有台账；料场、库房整齐，易燃、易爆物品单独存放，库房有防火器材。施工垃圾集中存放、回收、清运。

7. 环境保护

施工中使用易飞撒物料(如矿棉)、熬制沥青、有毒溶剂等，应有防大气污染措施。主要场地应全部硬底化，未做硬底化的场地，要定期压实地面和洒水，减少灰尘对周围环境的污染；施工及生活废水、污水、废油按规定处理后排放到指定地点；强噪声机械设备的使用应有降噪措施，人为活动噪声应有控制措施，防止污染周围居民工作与生活。当施工噪声可能超过施工现场的噪声限值时，应在开工前向建设行政主管部门和环保部门申请，核准后才能开工；夜间施工应向有关部门申请，核准后才能施工；在施工组织设计中要有针对性的环保措施，建立环保体系并有检查记录。

8. 环卫管理

建立卫生管理制度、明确卫生责任人、划分责任区,有卫生检查记录;施工现场各区域整齐清洁、无积水,运输车辆必须冲洗干净后才能离场上路行使;生活区宿舍整洁,不随意泼污水、倒污物,生活垃圾按指定地点集中,及时清理;食堂应符合卫生标准,加工、保管生、熟食品要分开,炊事员上岗须穿戴工作服帽,持有效的健康证明;卫生间屋顶、墙壁严密,门窗齐全有效,采用水冲洗或加盖措施,每日有专人负责清扫、保洁、灭蝇蛆;应设茶水亭和茶水桶,有盖、加锁和有标志;夏季防暑降温措施;配备药箱,购置必要的急救、保健药品。

9. 宣传教育

现场组织机构健全,动员、落实、总结表彰工作扎实;施工现场黑板报、宣传栏、标志标语板、旗帜等规范醒目,内容适时。

13.6 安全控制的概念

一、安全控制的概念

安全控制是通过对生产过程中涉及的计划、组织、监控、调节和改进等一系列致力于满足生产安全所进行的管理活动。

二、安全控制的方针与目标

1. 安全控制的方针

安全控制的目的是为了安全生产,因此安全控制的方针也应符合安全生产的方针,即“安全第一,预防为主”。

“安全第一”是把人身的安全放在首位,安全为了生产,生产必须保证人身安全,充分体现了“以人为本”的理念。

“预防为主”是实现“安全第一”的最重要手段,采取正确的措施和方法进行安全控制,从而减少甚至消除事故隐患,尽量把事故消灭在萌芽状态,这是安全控制最重要的思想。

2. 安全控制的目标

安全控制的目标是减少和消除生产过程中的事故,保证人员健康安全和财产免受损失。具体可包括:

(1) 减少或消除人的不安全行为的目标;

(2) 减少或消除设备、材料的不安全状态的目标;

(3) 改善生产环境和保护自然环境的目标;

(4) 安全管理的目标。

三、施工安全控制的特点

1. 控制面广

由于建设工程规模较大，生产工艺复杂、工序多，在建造过程中流动作业多，高处作业多，作业位置多变，遇到的不确定因素多，安全控制工作涉及范围大，控制面广。

2. 控制的动态性

(1) 由于建设工程项目的单件性，使得每项工程所处的条件不同，所面临的危险因素和防范措施也会有所改变，员工在转移工地后，熟悉一个新的工作环境需要一定的时间，有些工作制度和安全技术措施也会有所调整，员工同样有个熟悉的过程。

(2) 建设工程项目施工的分散性。因为现场施工是分散于施工现场的各个部位，尽管有各种规章制度和安全技术交底的环节，但是面对具体的生产环境时，仍然需要自己的判断和处理，有经验的人员还必须适应不断变化的情况。

3. 控制系统交叉性

建设工程项目是开放系统，受自然环境和社会环境影响很大，安全控制需要把工程系统和环境系统及社会系统结合。

4. 控制的严谨性

安全状态具有触发性，其控制措施必须严谨，一旦失控，就会造成损失和伤害。

四、施工安全控制的程序

施工安全控制的程序如图13-1所示。

1. 确定项目安全目标

按“目标管理”方法在以项目经理为首的项目管理系统内进行分解，从而确定每个岗位的安全目标，实现全员安全控制。

2. 编制项目安全技术措施计划

对生产过程中的不安全因素，用技术手段加以消除和控制，并用文件化的方式表示，这是落实“预防为主”方针的具体体现，是进行工程项目安全控制的指导性文件。

3. 项目安全技术措施计划的落实和实施

该程序包括建立健全安全生产责任制、设置安全生产设施、进行安全教育和培训、沟通和交流信息、通过安全控制使生产作业的安全状况处于受控状态。

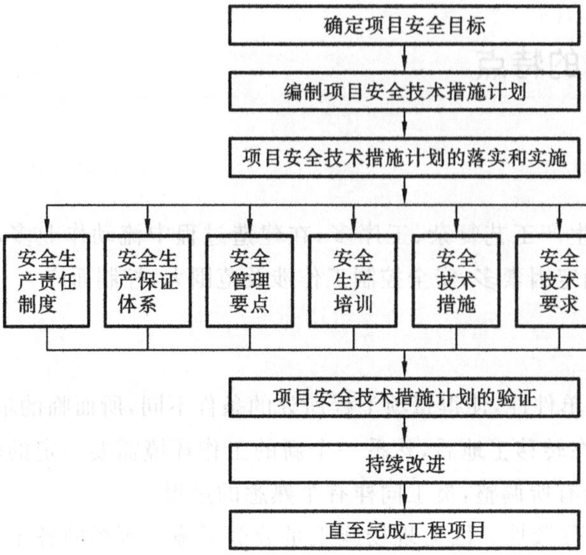

图 13-1　施工安全控制的程序

4. 项目安全技术措施计划的验证

该程序包括安全检查、纠正不符合情况，并做好检查记录工作。根据实际情况补充和修改安全技术措施。

5. 其余程序

持续改进，直至完成建设工程项目的所有工作。

五、 施工安全控制的基本要求

基本要求如下。

(1) 必须取得安全行政主管部门颁发的《安全施工许可证》后才可开工。

(2) 总承包单位和每一个分包单位都应持有《施工企业安全资格审查认可证》。

(3) 各类人员必须具备相应的执业资格才能上岗。

(4) 所有新员工必须经过三级安全教育，即进厂、进车间和进班组的安全教育。

(5) 特殊工种作业人员必须持有特种作业操作证，并严格按规定定期进行复查。

(6) 对查出的安全隐患要做到“五定”，即定整改责任人、定整改措施、定整改完成时间、定整改完成人、定整改验收人。

(7) 必须把好安全生产“六关”，即措施关、交底关、教育关、防护关、检查关、改进关。

(8) 施工现场安全设施齐全，并符合国家及地方有关规定。

(9) 施工机械（特别是现场安设的起重设备等）必须经安全检查合格后方可使用。

【例 13-1】

1. 背景

某施工单位为完成某机电安装工程项目安装施工任务，租赁了一台 150 t 履带吊车进行大型设备吊装。吊车运达施工现场，组装完毕后即开始吊装作业。一个月后的一天，负责压缩机安装的钳工班长要求吊车司机在当天中午在压缩机厂房封顶前将压缩机吊装到位。当时，起重工和吊车司机还没有到岗，仅一名见习生在车上，钳工班长便指挥见习司机进行吊装。该压缩机基础离吊车较远，厂房的部分山墙阻碍了吊车司机视线，看不见基础位置，见习司机只得按钳工班长的指挥作业。钳工班长指挥吊车尽量趴吊车扒杆(吊臂)，在趴扒杆的过程中造成吊车超载失稳，见习司机处理不及时，吊车向压缩机厂房山墙侧翻，扒杆砸在压缩机厂房山墙上，两节扒杆严重变形损坏，山墙横梁也被砸坏。

2. 问题

(1) 施工单位租赁的履带吊车组装完毕就进行吊装作业是否正确？为什么？

(2) 履带吊车进入现场施工还应履行何种程序？为什么？

(3) 钳工班长指挥吊车作业违背了什么规定？说明理由。

(4) 简述吊车吊装压缩机的过程中，有哪些违反操作作业规程的地方？

3. 分析与答案

(1) 施工单位租赁的 150 t 履带吊车组装完毕就进行吊装，违背了“进入现场的施工机械应进行安装验收，保持性能、状态完好，做到资料齐全、准确”的规定。

(2) 履带吊车(起重机械)属于特种设备，应切实履行报检程序。按照国家《特种设备安全检查条例》的规定，特种设备在投入使用前或者投入使用后 30 日内，特种设备使用单位应向直辖市或者设设区的市(亦即所在地区地市级以上)的特种设备安全监督管理部门登记、报检。

(3) 起重吊装应由持有特种作业操作证的起重工(或起重机械工)进行指挥和吊装作业。钳工班长不具备特种作业人员资格，不能进行吊装指挥。违反了特种作业人员持证上岗的规定。

(4) 吊车吊装压缩机的过程中违反操作作业规程的地方如下。

① 从操作者方面，见习司机应在正式吊车司机(即专门的操作人员)的指导下作业，不能单独进行吊装作业。同时见习司机也应具有特种作业人员操作证上岗。

② 吊车吊装压缩机操作过程中，违反操作规程。从吊装专业技术知识进行分析：视线受阻，看不见基础位置，无专门的起重吊装作业人员进行指挥或传递指挥信号；作业过程中带负荷过度趴吊车扒杆。超过吊车在该工况下的允许作业半径，吊车超负荷，这是造成吊车超载失稳的主因。

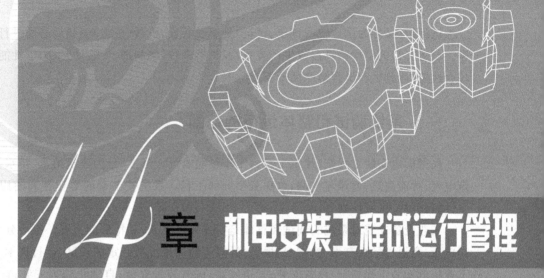

第14章 机电安装工程试运行管理

试运行主要有单机试运行、联动试运行和负荷试运行等，是机电安装工程建设过程的重要环节，是成套设备投产后能否“安、稳、长、满、优”运行的重要保证。本章主要介绍机电安装工程试运行应具备的条件，单机试运行、联动试运行、负荷试运行管理要求以及试运行管理在机电安装工程项目实践中的应用。

14.1 试运行概述

试运行(又称为试运转或试车、试运)是驱动装置、机器(机组)安装后必须进行的一个工序。试运行目的是检验机器或生产装置(或机器系统)的制造、安装质量、力学性能或系统的综合性能,达到生产出合格产品的要求。

一、系统调试和整体运行的范围

民用机电安装工程按"建筑工程施工质量验收统一标准"分为建筑给水、排水及采暖;建筑电气;智能建筑;通风与空调;电梯五个分部工程。系统按工程的专业性和使用功能的独立性、完整性、区域性划分。

工业设备安装对系统的调试和整体运行的要求复杂,其特殊的工况一般可分为高压力、高电压、高温、腐蚀、有毒、易燃、易爆等,针对不同的工况所制定的调试、运行技术文件不同。工业机电安装工程划分:设备安装;管道安装;电气装置安装;自动化仪表安装;设备与管道防腐、绝热安装;工业窑炉砌筑;非标准钢结构组焊等分部工程。工业设备安装工程的系统一般应按生产工艺划分。

系统一般都由动设备、静设备、管路、线路、仪表组成。系统的调试包括动设备的单机试运行;静设备的试验;管路的强度试验和严密性试验;线路的测试和试验,电器的调整、试验;仪器、仪表的调校、整定。

二、系统调试(试运行)应具备的条件

(1) 系统的设备及其附属装置、管路系统等均应全部施工完毕,施工记录及资料应齐全,符合要求。其中设备的清洗、检查、隐蔽、精平和几何精度经检验合格;管路系统检查合格;润滑、液压、冷却、水、气(汽)、电气(仪器)控制等附属装置均应按系统检验合格,并应符合试运行要求。

(2) 试运行需要的能源、介质、润滑油脂、材料、工机具、检测仪器、安全防护设施及用具等均应符合试运行的要求。

(3) 编制了调试、试运行方案,并经批准。编制了能控制针对特殊工况的调试和整体运行方案。

(4) 参加该项工作的管理人员、操作人员到岗且职责清楚。

(5) 专业人员已向操作人员作了技术交底。参加试运行的人员应熟悉设备的构造、性能和设备的技术文件;熟悉试运行方案。熟悉本系统的生产工艺、工况条件,系统的划分要合理。

(6) 调试、试运行的现场条件、资源条件都符合试运行方案;试运行的安全措施已制定;消防道路顺畅,消防设施的配置符合要求。

14.2　设备试运行

设备试运行可分为有单机试运行、联动试运行、投料(负荷)试运行阶段。第一阶段试运行是后一阶段试运行的准备,后一阶段的试运行必须在前一阶段完成后进行。中小型单体设备如机械加工设备,一般可只进行单机试运行后即可交付生产。

一、单机试运行

单机试运行是指现场安装的驱动装置的空负荷运转或单台机器(机组)以水、空气等替代设计的工作(生产)介质进行的模拟负荷试运行,以检验其性能和制作、安装质量。

驱动装置、机器(机组)安装后必须进行单机试运行,其中确因受介质限制而不能进行试运行的,必须经现场技术总负责人批准后,可留待负荷试运行阶段一并进行。单机试运行的参加单位有:施工单位、监理单位、设计单位、建设单位、重要机械设备的生产厂家。

1. 单机试运行的操作规程

(1) 划定试运行区域,无关人员不得进入。

(2) 设置盲板,使试运行系统与其他系统隔离。

(3) 单机试运行必须包括保护性连锁和报警等自控装置。

(4) 必须按照机械说明书、试运行方案和操作方法进行指挥和操作,防止事故的发生。对大功率机组,不得频繁启动,启动时间间隔应符合有关规范或说明书的规定。

(5)指定专人进行测试,做好记录。

2. 单机试运行应符合的要求

(1) 各系统、各主要设备的温度和压力等参数,应在规定范围内。

(2) 轴承振动值和轴的窜动应符合机器技术文件的规定。

(3) 齿轮副、链条与链轮啮合应平稳,无异常噪声和磨损。

(4) 传送带不应打滑,平皮带跑偏量不应超过规定。

(5) 轴承温度应符合机器技术文件或设计文件的规定,若无规定,滚动轴承温升应不超过 40 ℃,最高温度应不超过 80 ℃;滑动轴承温升应不超过 35 ℃,最高温度应不超过 70 ℃。

(6) 润滑、密封、液压、气动、冷却等辅助系统的工作应正常,无渗漏现象。

(7) 检查驱动电动机的电压、电流及温升等不应超过规定值。

(8) 各种仪表应工作正常。

(9) 机器各紧固部位无松动现象。

3. 单机试运行结束后,应及时完成的工作

(1) 切断电源及其他动力来源。

(2) 卸掉各系统中的压力或负荷,进行必要的排气、排水或排污。

(3) 按各类设备安装规范的规定,对设备几何精度进行必要的复查,各紧固部件复紧。

(4) 拆除试运行中的临时管道及设备(或设施),复位试运行时拆卸的正式管道、部件或其他正式装置。

(5) 检查润滑剂的清洁度,检查过滤器;必要时更换新油(剂)。

(6) 整理试运行的各项记录。试运行合格后,由参加单位在规定的表格上共同签字确认。

二、联动试运行

1. 联动试运行的概念

联动试运行是指对试运行范围内的机器、设备、管道、电气、自动控制系统等,在各自达到试运行标准后,以水、空气作为介质进行的模拟运行,以检验其除受设计要求的生产介质(工作介质)运行的影响外的全部性能和制造、安装质量。

2. 联动试运行的参加单位

联动试运行的参加单位有:建设单位、生产单位、施工单位以及总承包单位(若该工程实施总承包)、设计单位、监理单位、重要机械设备的生产厂家。

原则分工:由建设单位(业主)组建统一领导指挥体系,明确各相关方的责任,负责及时提供各种资源,选用和组织试运行操作人员。施工单位负责岗位操作的监护,处理试运行过程中机器、设备、管道、电气、自动控制等系统出现的问题并进行技术指导。若承包合同约定建设单位要委托施工单位(或总承包单位)组织联动试运行,可签订补充合同进行约定。施工单位(或总承包单位)在联动试运行代替建设单位(业主)负责组织、实施试运行的全部工作,并承担自己在试运行过程中的辅助职能。

3. 中间交接

中间交接是施工单位向建设单位办理交接的一个必要程序,它标志着工程施工安装结束,由单体试运行转入联动试运行。中间交接只是工程(装置)保管、使用责任(管理权)的移交,但不解除施工单位对交接范围内的工程质量、交工验收应负的责任。

4. 联动试运行应具备的条件

联动试运行必须具备下列条件,并经全面检查确认合格。

(1) 试运行范围内的工程已按设计文件规定的内容全部建成并按施工验收规范的标准检验合格。

(2) 试运行范围内的机器,除必须留待投料试运行阶段进行试车以外,单机试运行已全部完成并合格。

(3) 试运行范围内的设备和管道系统的内部处理及耐压试验、严密性试验已经全部合格。

(4) 试运行范围内的电气系统和仪表装置的检测系统、自动控制系统、连锁及报警系统等符合规范规定。

(5) 编制、审定试运行方案；试运行方案和生产操作规程已经批准。

(6) 工厂的生产管理机构已经建立，各级岗位责任制已经制定，有关生产记录报表已配备。

(7) 试运行组织已经建立，参加试运行人员已通过生产安全考试。

(8) 准备能源、介质、材料、工机具、检测仪器等，试运行所需燃料、水、电、气工业仪表等可以确保稳定供应，各种物资和测试仪表、工具皆已齐备。按设计文件要求加注试运行用润滑油(脂)；机器入口处按规定装设过滤网(器)。

(9) 试运行方案中规定的工艺指标、报警及连锁整定值已确认并下达。

(10) 试运行现场有碍安全的机器、设备、场地、走道处的杂物，均已清理干净；布置必要的安全防护设施和消防器材。

5. 联动试运行应达到的标准

(1) 试运行系统应按设计要求全面投运，首尾衔接稳定，连续运行并达到规定时间。

(2) 参加试运行的人员应掌握开车、停车、事故处理和调整工艺条件的技术。

(3) 在联动试运行后，参加试运行的有关单位、部门对联动试运行结果进行分析并评定合格后填写“联动试运行合格证书”。

【例 14-1】

1. 背景

某施工单位承担的一项机电安装工程进入单机试运行阶段。项目部计划对一台整体安装的大型离心泵进行试运行。运行前进行检查，确认试运行范围内的工程，除出口管道系统未进行水压试验外，其他工程已全部完成，并按质量验收标准检查合格。出口与一台容器相连，短时间内还不能具备水压试验的条件。由于这台泵的试运行影响后续泵的试运行。项目部决定在从出口管道系统水压试验前进行离心泵试运行。

离心泵运转 0.5 小时后，出口管道系统中出现多道法兰接口泄露，试运行中止。试运行班组作业人员在管道安装班组的配合下，将出口管道从泵法兰处卸开，对管道所有出现泄漏的法兰密封面进行处理。处理完成后，将出口管重新与离心泵连接并继续进行试运行，泵运转 1.5 小时后，试运行班长认为总计运行时间达到了 2 小时，决定停止运行。

离心泵单机试运行过程中检查，运行中时有异常响声，轴承振动较大，滚动轴承升温的最高温度达到 92 ℃。试运行结束后进行离心泵安装精度复测，泵的横向安装水平偏差为 0.30/1000。

2. 问题

(1) 项目部在离心泵出口管道系统水压试验前进行试运行是否正确？说明理由。

(2) 出口管道重新与离心泵连接后立即进入试运行程序是否正确？为什么？

(3) 离心泵运转时间是否符合试运行的规定？说明理由。

(4) 判断离心泵在单机试运行过程中和结束后进行的如下检查情况是否符合要求？这些检查项目的要求是什么？

① 运行中时有异常响声。

② 运行过程中测出滚动轴承最高温度达到 92 ℃。

③ 离心泵横向安装水平偏差为 0.30/1000。

3. 分析与答案

(1) 不正确。单机试运行前必须具备的条件之一，是要求“试运行范围内的工程已按设计文件的内容和有关规定的质量标准全部完成”，包括其出口管道系统的水压试验合格。出口管道系统未进行水压试验，即离心泵试运行范围内的工程没有达到上述要求，不能进行单机试运行，而无论这台泵的试运行是否影响其他设备试运行工序的进行。项目部在离心泵出口管道系统水压试验前试运行不符合上述规定。

(2) 不正确。从泵与管道连接的安装技术要求来进行分析。泵安装找正后与管道连接，应复查泵的找正精度。当查出超过规范允许的偏差时，应松开管道法兰再次找正泵并调整管道后重新连接，再检查泵的找正精度，直至合格为止。出口管道卸开后重新与离心泵连接后立即进入试运行，没有复查泵的找正精度，是不符合要求的。这也是运行中轴承振动较大，滚动轴承温升高的原因。

(3) 不符合试运行的规定。从离心泵试运行要求来分析其正确性：离心泵在额定工况点连续运转时间不应小于 2 小时，运行时间不能再中途中止重新运转后累计计算。中途中止的重新运转，还须运行 2 小时。

(4) 从离心泵试运行和安装精度要求来分析其正确性。

① 不符合要求。离心泵试运行要求：泵的转子及各运动部件运转不得有异常声响。离心泵运转过程中有异常响声是不正常的。

② 不符合要求。离心泵试运行要求：滚动轴承温度不应高于 80 ℃。滚动轴承温升最高温度达到 92 ℃，超过规定的要求。

③ 不符合要求。离心泵试运行要求：整体安装的泵，横向安装水平偏差不大于 0.20/1000。离心泵横向安装水平偏差为 0.30/1000，超过了离心泵横向安装水平允许偏差。

第15章 机电安装工程法规及相关规定

机电安装工程项目管理中应遵循的法律法规有很多，如《中华人民共和国招标投标法》、《中华人民共和国合同法》、《建设工程质量管理条例》、《建设工程安全生产管理条例》等，前面章节已经介绍了上述法律法规在机电安装工程项目管理中的应用。除上述法律法规以外，本章重点列出了与机电安装工程密切相关的《特种设备安全监察条例》，以及机电安装工程施工机具和检测机具的使用规范。

15.1 特种设备的施工管理

一、电梯安装工程的施工管理要求

电梯属于特种设备，其安装活动必须严格遵守国务院《特种设备安全监察条例》的规定。

(1) 若总承包单位实施设备(电梯)采购供应并监造，应选择有制造有许可证的制造商。

(2) 电梯安装前，除了进行常规的检验外，还要核验电梯本体及其安全附件、安全保护装置的生产许可证明。同时对电梯出厂的随带文件进行点验。

(3) 电梯安装单位能否施工，同样要获得国务院特种设备安全监督管理部门的许可。

(4) 电梯安装开工前应以书面文件形式告知直辖市或者设区的市的特种设备安全监督管理部门，否则不能施工。

(5) 电梯安装必须严格遵守安全技术规范要求，接受制造单位的指导和监控。安装结束经自检后，由制造单位检验和调试，并告知特种设备安全监督管理部门进行监督检验。

(6) 电梯安装竣工验收后 30 天内，施工单位将有关技术资料移交使用单位，存入该单位的特种设备安全技术档案。

(7) 电梯安装单位要保持相适应的专业技术人员和技术工人经培训合格方可上岗；要保持施工机械和检测仪器仪表的能力。同时要在实施安装中检查各项管理制度的有效性，防止失效。

(8) 电梯的制造和安装许可不是终身制的，是动态变化的，所以订货或遴选施工队伍时，要注意收集信息，防止失误。

二、锅炉及压力容器安装工程的施工管理要求

锅炉和压力容器属于特种设备，必须符合国务院颁布的《特种设备安全监察条例》和《蒸汽锅炉安全技术监察规程》、《热水锅炉安全技术监察规程》和《压力容器安全技术监察规程》的规定。

安装单位在竣工后 30 日内将技术资料移交给建设单位。

从事压力容器制作和安装的单位必须是取得相应的制造资格的单位或者是经安装单位所在地的省级安全监察机构批准的安装单位。

(1) 六类压力容器在安装前，安装单位或使用单位应向压力容器使用登记所在地的安全监察机构申报，办理报批手续。

(2) 整体进场的压力容器安装前应检查其生产许可证明以及技术和质量文件，检查设备外观质量。如果超过了质量保证期，还应进行强度试验。

(3) 现场制作压力容器须按压力容器质保手册的规定进行。

(4) 安装后的检验和竣工验收，安装单位必须在竣工后的 30 日内将有关技术资料移交给使用单位。

三、起重设备安装工程的施工管理要求

1. 起重设备的范围界定

按照《特种设备安全监察条例》的规定，起重设备是指“用于垂直升降或者垂直升降并水平移动重物的机电设备，其范围规定为额定起重量大于或者等于 0.5 t 的升降机；额定起重量大于或者等于 1 t，且提升高度大于或者等于 2 m 的起重机和承重形式固定的电动葫芦等”。

2. 安装起重设备管理要求

(1) 施工单位应当经国务院特种设备安全监督管理部门许可，安装施工单位应具备以下条件：有与专业技术人员和技术工人；有生产条件和检测手段；有健全的质量管理制度和责任制度。

(2) 施工前书面报告直辖市或者设区的市的特种设备安全监督管理部门。

(3) 起重设备安装应执行的国家规范有：《电梯试验方法》、《电梯安装验收规范》、《电梯制造与安装安全规范》，其他起重机安装执行《起重设备安装工程施工及验收规范》等。

(4) 起重设备安装前应按要求进行检查。

(5) 制订详细的安装方案。

(6) 施工中必须严格按已审查通过的方案操作，严禁违章作业。

(7) 当利用建筑结构柱、梁等作为吊装的重要承力点时，应经结构计算，并经有关部门同意后方可利用。

(8) 当现场装配联轴器时，其端面间隙、径向位移和轴向倾斜应符合设备技术文件的规定。

(9) 制动器应开闭灵活，制动应平稳、可靠；起升机构的制动器应为额定载荷的 1.25 倍，有特殊要求的为 1.4 倍，在静载下应无打滑现象；运动机构的制动器，调整不应过松或过紧，以不发生溜车现象和冲击现象为宜。

(10) 通用桥式起重机和门式起重机空载时，小车车轮踏面与轨道之间的最大间隙，电动的不应大于小车车轮轮距或小车轨距的 0.00167 倍，手动的不应大于小车车轮轮距或小车轨距的 0.0025 倍。

(11) 起重设备试运行。

(12) 起重设备施工完毕，经空负荷、动负荷试运转和静负荷试验合格后，办理移交验收。

(13) 起重设备的安装，必须经国务院特种设备安全监督管理部门核准的检验检测机构按照安全技术规范的要求进行监督检验。

(14) 安装施工单位应当在验收后 30 日内将有关资料移交使用单位存档。

四、特种作业人员

1. 特种作业人员的界定与配置

1) 特种作业人员的界定

机电安装工程施工作业中常用的特种作业人员有两大类：一类是特种设备作业人员；另

一类是专业工种的特种作业人员。凡从事特种设备或在特殊环境下作业的人员都要按规定经过专业培训、合格后持证上岗。

(1) 特种设备作业人员，一般指从事《特种设备安全监察条例》所规定的锅专业技术操作人员。

(2) 特殊工种作业人员，一般指从事较危险施工环境作业的工种。

2) 特种作业人员的配置

特种作业人员的工种和数量应根据企业从事特种产品、特殊环境施工的范围、工程量和企业的发展来配置。

2. 特种作业人员的管理要求

1) 特种作业人员管理的特征

(1) 外延性：既有企业内部制约，更多是企业外部的制约(接受监督机构的监督)。

(2) 时间性：承接施工任务、编制施工组织设计后再组织人员、培训、考试、办证，时间非常紧急。即对特种作业人员的管理组织要适应时间性的要求。

(3) 时效性和有效性：特种作业人员的资格只在规定时间内有效，应针对不同的工程及特种人员的储备都应有一种管理机制来适应并控制特种作业人员的动态。

2) 对特种作业人员的管理要求

(1) 制订培训计划。

(2) 培训和考试。

(3) 办理上岗证件。

(4) 调配与使用。

(5) 建立人员档案。

15.2 主要施工机具和检测器具的管理

一、主要施工机具选择的原则与管理要求

1. 主要施工机具的分类

(1) 动力与电气装置。

(2) 起重吊装机械。

(3) 土石方机械。

(4) 水平、垂直运输机械。

(5) 钣金、管工机械。

(6) 铆焊机械。

(7) 防腐、保温、砌筑机械。

2. 施工机具的选择原则

(1) 应满足施工部署中的机械设备供应计划和施工方案的需要。
(2) 应满足所确定的施工方法中对机具功能性的需求。
(3) 能兼顾施工企业近几年的技术进步和市场拓展的需要。
(4) 在技术水平上是先进的，便于维护、保养，易于采购易损零部件。
(5) 操作上安全、简单、可靠。
(6) 尽可能选择名牌和同类设备同一型号的产品。

3. 施工机具的管理内容

施工机具的管理一般包括制定与实施企业装备规划；企业设备购置年度计划制订；设备的选择、使用、保养、维修、改造、更新、租赁、设备资产管理制度等。
(1) 施工机具的来源。
(2) 施工机具的使用管理。
(3) 施工机具的调度。
(4) 机具操作规程：新型机具要建立安全操作规程，及时补充原有规程不足的内容。
(5) 坚持机具进退场验收制度。

4. 施工机具的进场控制

(1) 施工机具应按施工组织设计的施工机具进场计划按时按量进场。
(2) 进场的施工机具要由专业人员、操作人员、机管员共同验证其完好性。
(3) 进场的施工机具若在功能上不能满足施工需要，应由专管人员组织维修或退换。
(4) 重要的、价值高的施工机具应在项目经理部由专管人员建立使用、维护、维修档案。

5. 施工机具在使用过程中的管理

(1) 操作人员在使用前应熟悉相关的操作规程和安全注意事项，了解有关技术文件对使用机具的操作要求，熟悉机具的规定功能和性能。
(2) 操作人员应严格执行操作规程，善于判断运行故障并及时报告或维护。
(3) 当天或某阶段使用完毕，应对机具进行保养和维护，以保证再用的完好性。

6. 施工机具的调度管理

(1) 施工机具的调度管理是为了合理的最大限度的提高机具的利用率。
(2) 应由责任人员做好调度前的机具鉴定、使用建议、进退场交接工作；大型、价值高的机具的调度还要注意机具的安装、运输、吊装等有关事项。

二、 主要检测器具的选择原则与管理要求

1. 常用检测器具

机电安装工程的检测器具一般可分为长度测量器具、力学测量器具、电磁测量器具、温

度量测器具和化学测量器具等。

2. 检测器具选择的原则

检测器具选择的原则是在保证功能的前提下兼顾其他。

(1) 与承揽的工程项目的检测要求相适应。

(2) 与所确定的施工方法和检测方法相适应。

(3) 检测器具的检定在工程所在地附近是比较方便的。

(4) 尽量不选尚未建立检定规程的测量器具。

(5) 检测器具在技术上是先进的,操作的培训是较容易的。

(6) 在使用检测器具时其比对物质、信号源易于保证。

(7) 坚实耐用易于运输。

3. 检测器具的管理目的

检测器具的管理目的在于保证所承揽工程在现场施工中所获得的检测数值或结果都是符合相关规定或要求且准确无误的。

4. 检测器具的管理程序

检测器具的管理程序应符合量值传递、量值测量、量值分析的要求,保证工程关键部位的重要质量特性的检测数据可靠、有效。

5. 检测管理器具的内容

计划;人员;环境;现场计量;被检测件;记录和报告;器具的入出库及储存与使用管理。

6. 检测器具的使用

(1) 使用者的培训与资格。

(2) 使用者有能力证实器具完好。

(3) 检测环境和检测件符合条件。

(4) 使用者对操作规程熟悉,做好记录并写成报告。

(5) 每次使用后按要求清洗、保养、存放。

(6) 分类、建立台账、专用封存记录等。

7. 检测器具的检定

(1) 施工企业设置检测器具检定管理部门或岗位,配有资质的业务管理人员。

(2) 有条件的企业应建立检测器具的检定室。

(3) 建立检测器具的检定周期台账档案。

(4) 建立检测器具的专用封存记录。

(5) 建立某些检测器具现场比对规程。

(6) 对检测器具进行分类,确定检定周期、强制性检定范围内的器具等。

附件A　询价文件实例

询价文件

一、项目名称：某市某区第三中学柴油发电机组项目。采购编号：HZYHZFCG-2009-080。

二、本次“招标方”为某市某区公共资源交易中心，“投标人”为向“招标方”提交投标文件的公司，“采购单位”为某市某区第三中学。

三、本次采购需求情况详见附件C采购需求。

四、投标人资格要求

（1）注册资金在50万元（含）以上、具有独立的法人资格，较强的技术力量、经济实力和良好的财务状况、有经销或销售相关产品经验的企业；

（2）必须遵守国家法律、法规，具有良好的信誉、商业道德及售后服务能力，没有发生重大经济纠纷及走私犯罪记录的；

（3）提供的设备必须为全新、合法的原装现货，并符合“采购清单”中所规定的要求，达到国家质量检测标准或相关行业标准及具有生产厂家质量合格证的产品，并提供“三包”服务和“3C”认证。

五、投标费用

无论投标过程和结果如何，投标人自行承担所有与参加投标有关的全部费用。

六、投标报价

（1）报价用人民币按投标单价、总价报价，单位为元，不保留小数。如总价与单价计算的总价有误，则以单价为准计算总价。

（2）报价时还应注明近期最新的市场价（单价）。投标人报价必须低于市场同期价格，否则将被拒绝。

（3）报价均为最终报价，报价含设备供货、仓储费、出库费、税费、送至采购单位指定地点（余杭区范围内）的运费、安装现场吊装及卸货（含安装现场吊机费）、安装调试费、现场培训费等其他相关费用。

（4）投标人须在采购文件中指定品牌、型号进行投标响应。

（5）报价时须注明交货时间（最迟为合同签订后15个工作日内）、质保期。

（6）投标人必须严格按照采购清单所列标项的配置要求进行报价，如对该标项配置有偏离的，请在偏离情况栏中加以说明；并以该物品偏离的型号配置（实际响应的配置）进行报价。

（7）投标人提供的硬件（若有）、软件、技术、技术资料必须是合法生产的，并享有完整的知识产权；不会因为需方的使用而被责令停止使用、追偿或要求赔偿损失，如出现此类情况，一切经济和法律责任均由投标人承担。

七、投标报名确认（某区政府采购备案供应商除外）

（1）投标报名截止时间：2009年7月2日10:00（工作时间）

(2) 投标报名须提交的资料：投标报名表（格式详见附件B）、营业执照复印件、税务登记证复印件（盖章后传真至某市某区公共资源交易中心并进行电话确认。）

八、质疑

投标人如对本次采购需求有疑问的（包括停产、型号错误等），须在2009年7月2日16:00前向某市某区公共资源交易中心以书面形式提出，并提供生产厂家或总经销商出具的证明材料（含官方网站公布资料），逾期不候。招标方与采购单位研究后，对认为有必要修改的，将以更正公告的方式发布更正信息。

九、投标文件的数量、密封和递交

投标文件数量：正本一份、副本一份。投标文件须密封包装，并在封口处加盖公章，同时在封面正面上标明项目名称、招标编号、投标人名称及“正本”或“副本”字样，并在投标截止时间前由法定代表人或授权代表人持本人有效身份证件送至某市某区公共资源交易中心。正本、副本须同时提交给招标方。逾期送达的投标文件将被拒绝。

十、投标文件的组成（必须按照以下顺序装订成册并加盖公章）

(1) 单位工商营业执照复印件、税务登记证复印件（加盖公章）；

(2) 法定代表人授权书（详见附件D投标文件格式一）和授权代表有效身份证复印件；

(3) 投标报价表须同时注明交货时间、质保期（详见附件D投标文件格式二）；

(4) 售后服务承诺书（详见附件D投标文件格式三）；

(5) 投标货物的详细配置表（自定格式）

(6) 技术规格偏离表（详见附件D投标文件格式四）（必须填写）；

(7) 投标人认为需提供的其他资料。

十一、投标保证金

本次投标保证金（备案供应商除外）为5千元（币种为人民币，拒收现金）。

收款单位（户名）：某市某区公共资源交易中心

开户银行：中信银行余杭支行

银行账号：7356789018260000024

投标人应在投标截止时间前将投标保证金（交付方式：汇票/支票/银行转账）缴纳至招标方，如中标后不能供货或拒签合同，将没收投标保证金（备案供应商在已缴纳的保证金中扣除）。

十二、开标时间、地点及联系方式

开标时间：2009年7月6日下午15:00时。开标地点：某市某区公共资源交易中心（某市某区东湖南路129号）。联系人：王飞。联系电话：0571-88886666。传真：0571-88886666。

十三、废标及无效投标

1. 出现下列情形之一应予废标：

(1) 出现影响采购公正的违法、违规行为的；

(2) 投标人的报价均超过了采购预算，采购人不能支付的；

(3) 因重大变故，采购任务取消的。

2. 出现下列情形之一的应视为无效投标：

(1) 未缴纳投标保证金的；

(2) 非某区政府采购备案供应商未经过报名程序的；

(3) 在投标截止时间后送达的投标文件；

(4) 未提供有效身份证件的；

(5) 投标文件未密封和在封口处加盖公章的；

(6) 以电子邮件、传真形式投标的投标文件；

(7) 投标报价单手工填写的；

(8) 投标报价作过涂改，涂改后未在涂改处盖单位公章的；

(9) 投标报价字迹模糊无法辨认的；

(10) 投标报价单中有缺省的报价；

(11) 投标报价不是唯一的；

(12) 投标文件组成内容不全的；

(13) 不符合法律、法规和采购文件规定的其他实质性要求的；

(14) 超出经营范围投标的。

十四、评标办法

比照最低评标价法确定成交供应商，即在符合采购需求、质量和服务相等的前提下，以提出最低报价的投标人作为成交供应商。

十五、供货方式及要求

(1) 供应商(即中标的投标人)须按询价文件要求、投标文件承诺及合同中的相关规定，在合同规定的交货期内将中标货物送到采购单位指定地点，在采购单位许可并监督下，并负责安装调试，同时给予必要的操作培训和指导。对中标货物存在外观严重破损或者未经采购单位许可擅自拆除外包装等情况的，采购单位有权拒收货物，并要求供应商重新调换中标货物。

(2) 供应商提供货物时必须同时提供下列资料：随机的易损件备品备件及特殊专用工具清单；设备生产厂家的产品检测证书、出厂检验报告、合格证书、产品说明书、中文技术资料、中文操作手册和相关图纸等；设备随机提供的装箱清单(每箱一单)；电气原理图。

(3) 供应商必须在所提供的设备左(或右)上方适当部位加贴"某区政府采购售后服务联系单"(在 http://www.yuhang.gov.cn"政务公开""政府采购""流程及下载"中下载)标签，服务联系单需填写的内容不得缺省。

十六、货物验收

采购单位在供应商送货(原包装)、安装、调试后，应组织有关人员对机组进行全面验收，并签署验收合格证书。如果发现数量不足或有质量、技术等问题，供应商应负责按照招标方的要求采取补足或更换等处理措施，并承担由此发生的一切损失和费用。验收合格后，使用单位收取发票并在某市某区政府采购货物验收单(在 http://www.yuhang.gov.cn"政务公开""政府采购""流程及下载"中下载)上签字及加盖单位印章。

十七、人员培训

(1) 货物安装、调试结束后，供应商应立即派专业工程师对采购单位人员进行培训，包括：操作、维护保养和安全知识的培训。并确保采购单位参与培训人员能独立地进行操作和日常维护保养。

(2) 全部货物验收后，供应商应协助采购单位建立和健全柴油发电机组日常维护保养制度。

十八、付款方式

在供应商根据合同规定将货物交付、验收合格后15个工作日内支付90%的货款，其余总价的10%作为质量保证金，设备正式运行24个月后且无质量问题，采购单位在五个工作日内支付余款。

十九、售后服务

(1) 投标人须在某地区具有完备的售后服务网点，配备一定数量、训练有素的专业维修技术人员和常用的维修配件，为采购单位提供优质的服务和技术支持。投标人须在售后服务承诺书中详细介绍本地化最近的服务网点，包括地址、人员配备、迅速反应能力、24小时服务热线电话、服务保障措施和服务内容等。

(2) 售后服务网点应做到全年365天全天候为采购单位服务，服务热线24小时开通。质保期内，供应商接到采购单位的报修电话后须马上响应，维修服务人员应在2小时内到位，免费维修或更换有缺陷的零件或部件，一般维修应在4小时内完毕，否则应免费提供备品备件供采购单位使用，直到采购单位满意为止。

(3) 投标人所提供的柴油发电机组在质保期内应建立互信机制，明确维修保养日期。定期上门例行检查和回访，每季度至少保证一次巡检和回访，确保机组始终处于最佳运行状态，为此报价投标人应在投标文件中作相应承诺。

(4) 质保期满后，投标人应与采购单位建立长期的维修保养合作关系，提供终身优质服务。

特别提醒：请各投标人在报价截止时间(2009年7月6日下午15:00时)前4小时内登录原信息发布网站查看是否有关于本询价项目的更正公告，如有更正的，以更正后的内容为准。因投标人未按更正后的内容进行报价导致报价文件被询价小组认定无效的，责任由投标人自负。

某市某区公共资源交易中心

2009年6月26日

附件B　采购项目投标报名表

某市某区公共资源交易中心：

我单位报名参加某市某区临平第三中学柴油发电机组项目（采购编号：HZYHZFCG-2009 -080）投标，愿恪守信誉，并提供良好的合作。现附上基本情况表壹份。

投标人（公章）：________________

2009 年　月　日

企业名称		注册号	
住　所		邮　编	
法定代表人		企业类型	
注册资本		营业期限	年　月　日至　年　月　日
经营范围			
税务登记证号		户名	
开户银行		银行账号	
联系人		身份证号	
联系电话		手　机	
E-mail		传　真	
本项目要求的其他证书编号或业绩说明（按要求自行填写）：			

注：本表应按公告要求如实填写。

附件C 采购需求

一、采购清单(HZYHZFCG-2009-080)

序号	品名	品牌、型号、规格及其他相关要求	数量	采购单位
1	柴油发电机组	详见投标技术及其他相关要求	1套	某市某区临平第三中学

二、投标技术及其他相关要求

1. 投标品牌

本次采购的柴油发电机的品牌及型号为飞鸿—80GFSZ。

2. 主要技术指标

80 kW 柴油发电机组技术参数如下表所示。

型　　号	80GF	柴油机型号	6BT5.9-G2
额定功率/kW	80	柴油机品牌	中美合资东风康明斯
额定电流/A	144	类型	直列、四冲程、增压
额定电压/V	400/230	缸数	6
额定频率/Hz	50	缸径/行程式/mm	102/120
额定转速/(r/min)	1500	输出功率/kW	92
功率因数	0.8(滞后)	燃油消耗率/(g/kW·h)	215
稳态电压调整率	±5%	机油消耗率/(g/kW·h)	1.5
稳态频率调整率	5%	冷却方式	闭式水循环冷却
电压稳定时间/s	3	发电机型号	STC-80
频率稳定时间/s	7	发电机品牌	扬州飞鸿
电压、频率波动率	1.5%	类型	Y、E有刷、自散热
连接方式	刚性连接	防护等级	IP21
启动方式	电启动	绝缘等级	F
重量/kg	1100	励磁方式	三次谐波
外形尺寸/mm	2160×850×1250	调压方式	自动调压

3. 配置要求

1）标准配置要求

工业用水冷柴油发动机；

双轴承防滴式发电机；

电启动并附24V充电机；

手动控制柜；

标准空气过滤器；

空气断路器；

电流表；

电压表；

频率表；

电流、电压转换开关；

钢制底座带防振垫；

消声器；

蓄电池及连接线；

随机易损件；

用户操作手册；

柴油机、发电机、发电机组各类文件。

2）功能要求

类型：一体式。

正面：仪表显示，状态指示，操作控制，前后活动门，可开启维修。

3）维护维修

柴油发电机组质保期为验收合格之日起2年，质保期内的维护或维修费用须计入投标报价。质保期内，采购人不再支付任何与确保中标人所供货物正常运行有关的维护费或维修费等任何费用。

注：投标人所报柴油发电机组的配置性能或者品牌不能低于或负偏离以上相关要求，否则其投标将不予接受。

4）其他要求

（1）发电机组底座应采用合适的减振措施，机组应采用降噪声措施。

（2）在投标货物的详细配置表中，投标人应注明所投柴油发电机组中的柴油机、发电机、控制盘的品牌、制造厂及产地，机组主要配件的来源，生产厂家及性能。

（3）所投机组必须符合已建成的柴油发电机房的要求（报价供应商自行前往现场勘察）。

（4）发电机组到设备控制开关柜的连接电缆（连接长度据现场实际情况定）由中标方负责。

（5）柴油发电机组的运输，保险、安装现场吊装卸货（包括吊机的提供等）、安装、调式，售后服务等由中标方负责。

三、质量保证和标准

(1) 机组的设计及制造质量均应符合国家最新颁布的有关标准/规范要求。

(2) 技术标准按国有最新版本标准。

(3) 凡需国家强制保证或认可的产品、需提供相应的证书和认可的标志。

(4) 机组的质量保证期为验收合格交付使用后两年(24 个月)。

附件 D　投标文件格式

一、法定代表人授权书

致某市某区公共资源交易中心：

______________________________(投标单位全称)法定代表人__________授权__________(授权代表姓名)________________(身份证号)为全权代表，参加贵中心组织的某市某区第三中学柴油发电机组项目(编号为 HZYHZFCG-2009-080)政府采购，其在投标中的一切活动本公司均予承认。(授权代表的有效身份证复印件附后)

本授权书于 2009 年____月____日签字生效，特此声明。

法定代表人签字：____________

投标人(公章)：____________

日　期：________年____月____日

附：

授权代表签名：____________________

职务：____________________________

电话：____________________________

手机：____________________________

传真：____________________________

二、投标报价表(以下表格在不改变格式时投标人可自行扩展)

项目编号:HZYHZFCG-2009-080

序号	项目名称	投标响应的品牌、型号及规格	数量	单价/元	总价/元	质保期
1	柴油发电机组					
2	安装调试费用					
3	其他费用(包括:采保费、运费、辅助材料费及其他材料费、税金等)					
4	投标总价(大写并注明小写):					

若我方中标,我方(投标方)承诺的交货期为　　日历天。

法定代表人或授权委托人签字:____________

投标人(公章):____________

2009 年　　月　　日

三、售后服务承诺书

（投标人应详细介绍本地区最近的服务网点，包括地址、人员配备、迅速反应能力、24 小时服务热线电话、服务保障措施和服务内容等。由投标人根据询价文件中的相关要求自行填写。）

法定代表人或授权委托人签字：____________________

投标人(公章)：__________________________________

2009 年　　月　　日

四、技术规格偏离表

投标人(公章):________________　　采购编号:HZYHZFCG-2009-080

序号	询价文件中相关规定及要求	投标响应	偏离	说明

法定代表人或授权委托人签字:________________

投标人(公章):________________

2009 年　　月　　日